地方自治ジャーナルブックレット No.6

平成忠臣蔵

泉岳寺景観の危機

吉田朱音、牟田賢明、五十嵐敬喜

公人の友社

江戸時代（1836 年再建）に建てられた中門は
港区の登録文化財。

高輪
中
学
国指定

事業者から提供された資料から作った完成予想図。計画されているマンションは8階建。高さ約24メートル。

山門から見た本堂（広い境内の遠くに高層マンションが顔をのぞかす）

① 山門と元禄当時の場所に植えられた松の木。② 見学会での様子。説明を受けた参加者から感心の声があがる。③ 仲見世の土産物店には反対のぼりが立ち、署名用紙が用意されている。④ 現在の赤穂浪士の墓。⑤ 推定明治初期の墓地の様子。⑥ 中門の額「萬松山」中国明時代の禅僧・為霖道霈（いりん・どうはい）の書。

【目次】

はじめに　墓地とマンションの不条理……8
望みは唯ひとつ　吉田　朱音（国指定史跡・泉岳寺の歴史的文化財を守る会）……11
泉岳寺にとって景観とは何か　牟田　賢明（泉岳寺受処主事）……41
泉岳寺・赤穂浪士と世界遺産　五十嵐　敬喜（法政大学名誉教授）……57
コラム「武士道とモダン・ユートピア」渡辺　勝道（建築家）……78
あとがき……81
巻末資料
●泉岳寺歴史年表・新聞記事……84
●国指定史跡・泉岳寺隣接マンション建設計画に関する請願……91
●泉岳寺宣言……92
●審査請求書……93

はじめに　墓地とマンションの不条理

戦後めまぐるしく変転する都市の中で、ずっと変わらず心静まる空間がある。独特な「門」をくぐり、中に入ると大きな屋根が見え、荘厳な建物の奥まったところに「仏」がいる。仏に向かってみな黙って手を合わせて祈る。寺院や神社や教会。そこはかつて、子供にとっては絶好の遊び場であった。かくれんぼ、三角ベースの野球。参道にはお土産屋などが並び、秋の収穫のお祝いには、相撲や見世物小屋などが行われ大賑わいとなる。高齢者にとって、大きな木陰の下のベンチは癒しの場であり、幼児を抱えた母親にとって、ここはちょっとくらい目を離してもよいもっとも安全な場所だ。もちろん、内部の人たち、僧侶、神主そして牧師などにとってそこは死者たちの供養の場であり、自らの修行の場であり、また過去から未来への信仰と文化の伝道の場である。今回の戦災で多くの寺院が消失したが、その後70年間、それぞれ深い信仰心をもって歴史を伝承するために、できるだけ昔の形と方法での再建に務めてきた。この空間が今危うい。

東京高輪、曹洞宗泉岳寺もその一つである。ここでは江戸元禄から３００年もの長い間、ずっとかの墓地を守ってきた。いうまでもなく「赤穂浪士」の墓地である。墓地は毎日、禅僧たちによって供養され、外国人を含めて多くの人が訪れる。毎年12月14日の討ち入りの日には、「義士祭」に何万人もの人が集まる。そしてこの義士祭に今年はこれまでに全くなかった幟、「望みは唯ひとつ、泉岳寺の景観を守ることでござる」が加わった。

本書は、この泉岳寺の中門の真横に建築される8階建てマンションに対して、異議申し立てをする人々の、それぞれの立場からの志を集約したものである。幼い時からここで過ごしてきた「美しい泉岳寺が壊される」、「只管打座の修行に不都合」、そして「世界的にも貴重な価値を持つ赤穂浪士物語に傷がつく」などの懸念を述べられている。この懸念は私たちや義士祭というような赤穂浪士ファンだけのものではなく、政党の違いをこえて「港区議会」で、建築に文化と歴史を反映させせよ、という住民の請願が満場一致で採択され、公的にも確認された。しかし、日本の景観や環境よりも「建築」を優先させる都市法の下では、これだけでは建築は止められない。そのためこのような悲劇がここだけでなく、日本が世界に誇る奈良、京都、鎌倉といった都市でも絶えず繰り替えされる。日本の歴史と文化が傷つけられ消されていくのである。

もうすぐ東京ではオリンピックが開かれ、泉岳寺にも世界中から人が集まる。その時これらの人々は、この高いマンションと墓地の不条理な景観を見て、何を思うであろうか。

私たちはそれぞれの「誠」を尽くして生きてゆかねばと決意した。平成・赤穂浪士とはこのような志を共有する全国・全世界の人々のことである。

２０１４年12月14日

著者を代表して　五十嵐　敬喜

望みは唯ひとつ

国指定史跡・泉岳寺の歴史的文化財を守る会

吉田　朱音

はじまり

２０１４年６月、泉岳寺中門横に建つ邸の周りに工事囲いがされ、私は新しい買主が新築住居を建てるのかと思っていました。ところがまもなく「(仮称) 高輪二丁目ＰＪ新築工事」という看板が取り付けられ、そこにはなんと「階数地上八階建て」、建築主は第一リアルター株式会社と書いてありました。門の隣に８階建て……。

この日から私の生活は一変し、それまでは想像もつかなかった大きな渦の中に身を投じることになりました。私はこの泉岳寺の参道にあるお土産屋に生まれ、ずっとここで暮らしてきました。私の高祖父は泉岳寺の41世でした。今も泉岳寺の檀家墓地の中にある歴代住職の墓地に眠っています。そのことを子供のころに聴いていて、お墓参りのときにはいつもお参りをしていました。そうしたこともあり、泉岳寺は子供のころよく遊び慣れ親しんだ空間だというだけでなく、私にとっては何か特別な存在でした。そこに突如８階建てのマンションが建つ。ここから私の「旅」が始まりました。

泉岳寺と私

子供のころ、泉岳寺は私たち子供の遊び場でした。

春には新芽の美しい柳が太鼓橋の上で風に揺られ、私たちは太鼓橋の下にもぐって蛙を探しました。夏には虫網を持ってお墓でセミ取りをし、セミを取るためにお墓によじ登って、庭師のおじさんに「お墓で遊ぶな！」と怒られたり、義士館で肝試しをしたこともありました。今では綺麗になった義士館も、昔はもっと古びた感じで入口に小さな小屋があり、受付のおばさんがいつも座っていました。私たちはおばさんの目をかいくぐって、小屋の裏側や小屋の下を這うようにして、義士館に入ったのです。中は薄暗く、ひんやりとして独特の匂いがし、床はギーギー音を立て、その中に不気味な甲冑やら刀やら、義士の木造などがあったので、子供の私たちには本当に薄気味悪かったのです。何か大きな物音がして、その途端みんなで「ギャー！」と声を上げて、大慌てで出口めがけて一目散、そこで待っていたのはおばさんのカミナリでした。

秋にはどんぐりやシイの実を拾い、ひもを通してネックレスを作ったり、シイの実を炒って食べるのが楽しみでした。そのころの泉岳寺は今よりももっと観光客も多く、門のところにはお面屋さんなんかも来ていました。冬は12月14日の義士祭がその年の終わりを告げる風物詩でもあり、一年で一番活気のある特別な日。義士祭が近づくと泉岳寺も境内に提灯を並べたり幟旗を立てたりして、お店も仕入れをたくさんしたりと、みんなが張り切って忙しそうにしている空気が私は好きでした。にぎやかな義士祭が終わるともう本当に年末の準備になり、迎えるお正月は新年の参拝客で賑わい、近所の子供たちと冷たい空気と太陽の陽の温かさの下で、風の子になって遊んだものです。

イタズラばかりしていた私たちですが、義士のお墓で遊んでいるとお線香売場のおじさんが、時々お線香を分けてくれて、赤穂浪士の一人一人のお墓に一本ずつお線香をあげたりすることがありました。おじさんは小さな私たちに「この人たちはねぇ、立派な武士だったんだよ。自分たちの命を捨ててまで正しいと思うことをした。昔の武士だってみんなそんなことできる訳じゃなかった。武士の鏡だったんだよ。日本の誇りだね」と話してくれました。小さな私には、自分の命を捨ててまで正しいと思うことをすることがなぜ難しいことなのかまでは分かりませんでしたが、おじさんが赤穂浪士を尊敬していることは分かり、お墓に手を合わせていたことを覚えています。

忠臣蔵は年末になれば必ずテレビで放送されていて、家族揃って観ていました。私の中で赤穂浪士の人たちはヒーローでした。彼らのお墓がこの泉岳寺にあることは、物心ついたころから知っていたので、討ち入りの後、泉岳寺にお参りに来るシーンがあると思わず嬉しくなり、「この忠臣蔵は良かった！」と思ったりしていました。

そんな私も成長をし、大人になって茶道を学び始めたころから、少しずつ自分なりに茶道の歴史から仏教や日本文化を学ぶようになりました。その中で、文化を守り伝え続けることの難しさ、時代に淘汰されていくものと、残っていくもの、その大切さを強く感じるようになっていったのです。着物も茶道具の一つ一つも、そして茶道の原点である禅も、時代の変化と共に衰退していくものがたくさんあります。それでも今なお残っているのは、そこに関わる多くの人の努力があるということを、お茶の先生や禅の高僧、研究者の方々の話を聴き、触れて知りました。そうした中で、私は日本の日本らしい文化を守り伝えていくことを大切にしたいという気持ちが、人一倍強くなっていったのだと思います。

どうして高い建物が

8階建てという計画を知って、私は直感的に「この建物は泉岳寺を壊してしまう」と感じました。これは多くの人が感じることだと思います。私の場合、それがあまりにも身近で起こり、この問題を解決するためには、「この場所に8階建てはあり得ない」という感覚を持って、行動していかなければならないと思いました。しかし、私はごくごく普通に暮らしていた一般市民です。短大を卒業し、普通の人と同じように自分の生活を大切にして、仕事をしていました。マンション紛争のことは知っていましたが、そうしたことに関わったこともなく、建築についての知識もまったくありませんでした。しかし、今目の前で問題が起きてしまった。とにかく、マンション紛争について成功したところを探そう。それが最初の行動でした。

ネットで調べればすぐに見つかると思ったのですが、思いの外出てこない。「どうして?」そう思いながら、懸命に探していたら見つけました! 同じ東京の洗足池で起きた事例です。10年前に起きたこと。今も連絡がつながるのかどうか不安になりましたが、とにもかくにも今は聞いてみるしかない状況だったので、思い切って連絡をしてみました。説明会に向けて、住民側は何に気を付けなければならないのか? 確認した方が良いことは何か? 伝えなければならないことはあるか? など、不躾ではあったと思いますが、伺ってみたのです。

すると、翌日にメールの返信で丁寧なアドバイスをくださったのです。見ず知らずの私に、こんなに丁寧

「泉岳寺本堂から見た山門と青空」

にしてくださる方がいるなんて、本当に有難いことでした。それから何度かやり取りをさせていただいて、終わりにこんな言葉が書かれていました。「建設計画を耳にしてから、生活は一変し、反対運動は色々やりました。ただ何か壁にぶつかると、自然と適切な人が現れ、有益な助言をいただき、また前に進めたり、神様が私にやれと言っているような（わたしは、無宗教ですけど）神様に守られているような気がしていました。宗教じみますけど、自分を信じて、会の皆を信じて、頑張るしかありません。ただ、生活、家庭も大事にして、無理しないでくださいね。」このときの私には、まだどれだけ生活が一変するのかも想像が出来ず、そしてこんな奇跡みたいなことは起きるんだろうか？と思いました。それでも私はそれを信じたい、と言う気持ちでいっぱいになりました。

泉岳寺中門前に建つ８階建てマンションの予想写真

区の文化財なのに守れない？

当初、私は何か守れるものがきっとあると思っていました。

境内の中門や山門は港区の登録文化財に指定されていますし、赤穂義士、浅野内匠頭のお墓は国指定史跡にもなっていますから、これに関連して文化財保護というものがあるのではないかと思っていました。しかし、そうした法律がどこにあるのかも分からず、とにかく情報を集めなければと思い、こうしたことに詳しそうな友人にものすごく久しぶりにもかかわらず、相談をして色々調べてもらったりもしました。

自分でも港区の条例やら文化財保護法やらを、はじめて読みましたが、読んでもすぐに「別の条例の○条○号の適用を受ける」だとか、「若しくは第○項に規定する」とか、あっちにいったりこっちにいったりと、読むのが本当に一苦労でした。調べて分からないことを友人に聞き、そこからまた調べてもらったりとしている中で、おぼろげながらわかってきたことは、どうやら何かによって守れるものはなさそうだということです。

すごく理解に苦しみました。港区の文化財に関しては、教育委員会が管轄になることを調べ、泉岳寺の中門に対する保護についても問い合わせをしましたが、文化財や史跡になっているものは、それ単体を守るものはあっても、景観も含めて守れるものはありません。という、信じられないようなことでした。

港区には景観計画というものがあり、その中に寺社・歴史的建造物周辺に対する基準があるのです。その中に泉岳寺中門も示されていたので、私は「これで守れるかも知れない！」と希望を持ちました。

そこには、「寺社や歴史的建造物の周辺では、これ

国指定史跡・四十七士の墓

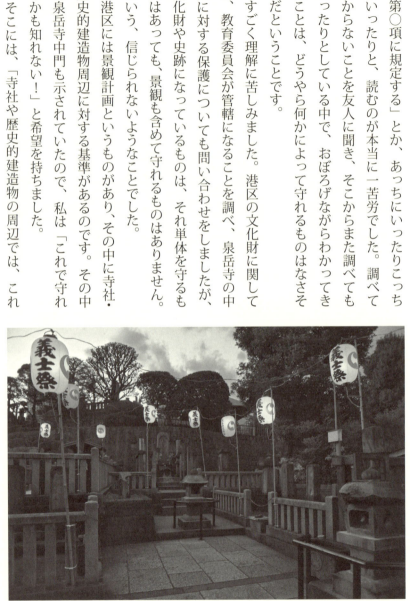

らへの圧迫感の緩和や見通しの確保に配慮した建築物の配置とする」「寺社や歴史的建造物の周辺では、彩度・明度を抑えた落ち着いた色彩や味わいのある素材を用いるなど、これらの雰囲気と調和に配慮した、形態・意匠とする。」とあったのです。

8階建ては圧迫感を生じ、見通しを悪くすることが明らかです。これで守れる！　そう思ったのもつかの間、この基準の届出対象となる建築物は、高さ31メートル超又は延べ3，000立方メートル以上というもので、この計画は当てはまらないという結果でした。

そもそも、寺社や歴史的建造物の周辺で、31メートル超という設定自体、私には理解出来ない高さでおかしいのでは？　この基準を見直す必要があるのでは？　と行政にも話しましたが、「見直しをするとしても、今の建築に関しては間に合いません」と言われました。

私たち近隣住民は40年前から、家を建て替える際は3階建てまでとしてきました。泉岳寺の景観を不文律の中で守ってきたのです。建築協定などを結んでいたわけではありませんが、泉岳寺の近隣を見れば一目瞭然で分かる事実です。こうした事実があるので、「これまで付近住民みんながしてきたように3階建ての規律を守ってください」といくら言っても、「協定」を結んでいなければ有効性がないと言われ、本当に悲しくなる回答ばかりを受ける日々が続いたのです。

紛糾する第一回住民説明会

名ばかりの工事説明会（にしこり淳二区議のホームページより）

7月9日。この日第1回目の説明会が開かれました。第一リアルターと初めて顔を合わせた日です。この日業者側は、建築主の第一リアルターから1名、総合企画の株式会社RJコーポレーションから2名、設計者・株式会社エムエーシー建築事務所から2名でした。住民側17名が参加。建築説明会という案内で集まったのですが、説明会が始まる前からすでに紛糾状態。それというのも、すでに事業者は解体工事を説明もなく始めていて、住民側には不満が高まっていたからでした。配られた資料にはアスベストの問題もあったのに、それに何も説明が無かったのです。住民からはまずは解体工事の説明をするべきであり、それが出来ないのなら工事を一度中断すべきだという声が上がりました。

第一リアルター側は、「とにかく建築説明をさせて欲しい。説明をした後に質問や要望を聞く」というのです。内容についても「正確な議事録を作成する」ということを言っていました。要領を得ない私たちは、仕方なく、まずは説明をしてもらうことにしたのですが、始まったのは配られた資料を読み上げただけでした。そして、「何かご質問がございましたらどうぞ」と言うのです。

しかし、私たちは建築の専門家ではありませんし、こうした説明会に出るのはほとんどの人が初めてですから、何かしらの質問が出てくるはずもありません。やがてそもそもこの計画8階建てということ自体が、泉岳寺の門の横には相応しくないという意見が次々に出ました。近隣は3階建てにしているのだから、3階建てにすべきだという意見など、それぞれが意見を述べましたが、「ご要望としてはお伺いします。しかし、建設計画を変える気はございません。」という回答を言い続けるのみでした。

そんな中で泉岳寺の主事・牟田賢明さんが発言しました。「この計画について泉岳寺はお寺全体で反対です。門前の方々もこれだけお困りになられている。お寺は門前の方々、地域の方々と一体ですから、それだけでも反対ですが、お寺自体もこのような高さのものを本堂に近い位置に建てるというのは、反対です。」と。

泉岳寺・近隣住民、はじめての反対運動

次回解体工事の説明までの間に、何をしなければならないのか？　すぐにお寺と近隣住民で集まる機会が作られました。しかし、みんな初めてのことでどうしたらよいのかもわからない状況でしたが、一致団結して反対していくことだけは合意していました。

私が子供のころは同年代の子供が仲見世にいたので、近所づきあいも頻繁でしたが、大人になってからは

そんな付き合いも次第に少なくなり、こんなふうに泉岳寺を含めて、近隣住民で集まることは本当に何十年ぶりかのことだったと思います。それほどに、仲見世とはいえ近所付き合いはなかなかに希薄なものになっていました。しかしこの問題を通して、近隣の付き合いが今までにない形で再開されたのは、不幸中の幸いだったかもしれません。

守る会の集会はこの頃からたびたび開かれて、運動についてどう進めるかなどを頻繁に話し合いました。まずは区議会への陳情をして、請願を出すという流れで、議会の力を借りようという方向性になり、同時に署名活動も行った方が良いのではないかということにもなり、そのための文書作成やホームページなどの作成を進めていきました。

中門に「マンション建設反対」の看板を出す

2014年8月7日（木）に、泉岳寺が中門のところに建設反対の看板を出しました。建設反対は少し過激な内容ですが、ともあれ反対ということを主張する意味で、そしてこういう問題が起きていることを世間に知ってもらうためにも出してみたのです。

ところが夕方になって、港区の建築課課長と次長がすっ飛んできて、「あの看板はまずいんじゃないか？」「業者側は看板を下げないと話し合いをしないと言ってきているから、話し合いを続けていくためにも、看板は下げた方が良いのでは？」というのです。住民の私たちを思って、業者側からの主張をわざわざ伝えに

中門脇・解体直前の旧家

来てくださいました。このとき、遅れて区議の一人の方もいらして、役所に同調したため、対応した会の人は驚いてしまい、一度看板は下げる約束をしてしまったのです。

しかし、よくよく考えてみたら、ただ単に自分たちの主張を表現しているだけのこと、行政は私たちの主張も業者側に伝えに行ってくれているのだろうか？　そんな疑問を持ちました、ともあれ、看板はまた土曜日には復活させました。

新しい出会いをテコに

第一リアルターは私たちが建築反対の看板を出したから、要望には応えることが出来ないという、何とも訳の分からない主張をしてくるようになりました。８月に入ってから署名も少しずつ集まり始め、２週間で１，０００名を超えたところでした。

事業者が建築を始めるには建築確認というものがないとできません。これがどうなっているかというと、港区の手続きでは周辺住民への説明会の報告書を区が受理してからでないと建築確認申請は出来ないというのが決まりです。港区ではこの説明会は1回でよいということになっています。これについて、私たちは7月9日の説明会は、説明会になっていないという認識で、改めて開催する説明会が正式なものになると思っていたのですが、第一リアルターは7月9日の説明会について、説明会が終了したという報告を港区建築課に提出していたのです。

もう本当に途方にくれました。建築課に抗議に行っても、「行政は法律上の手続きに不備がなければ受理せざるを得ない。」という回答で、まったく話になりません。第一リアルターは当初の予定どおり、8月中には建築確認を申請できる状況になってしまったのです。

この問題をもっと大きくする必要があると感じ、とにかく協力者を探すことに必死になりました。「どういう人になら協力してもらえるのだろう?」ということを考えて、浮かんできたのは忠臣蔵つながり

守る会のホームページの写真

の方、建築紛争での経験者、有識者、などでした。

今となってはどうやって検索したかも分かりませんが、そのときにたどり着いたのが忠臣蔵のイラストをたくさん描いている「もりいくすお」さん、そして「景住ネットワーク」というサイトでした。私はすぐにメールをしてみました。

すると、もりいさんはすでにこの問題について知っていらっしゃったので話は早く、すぐ一度お会い出来ることになりました。景住ネットというのは全国的に建築反対運動をしている団体で、そこで事務局をしている上村千寿子さんから連絡をいただき、こちらもすぐに会ってくださることになりました。このことは大きな転換期となったのだと思います。初めて私たちから外への働きかけをした日でした。

初めて新聞で取り上げられる

私たちが出来ることは反対運動を大きくしていくことしかありません。何とかしてマスコミの記事にならないかと思っていました。すると、もりいさんとのつながりから、「赤穂民報」の方から取材があり、8月23日に「赤穂民報」で記事にしていただくことが出来ました。これが泉岳寺問題の最初の記事となりました。

赤穂で記事にしてくださったことはとても嬉しく、ここから拡がって東京の新聞でも記事になったらいいなと思っていたところ、「東京新聞」の記者・鈴木久美子さんがどこから知ったのか取材に来てくださり、説明会にも参加して下さいました。

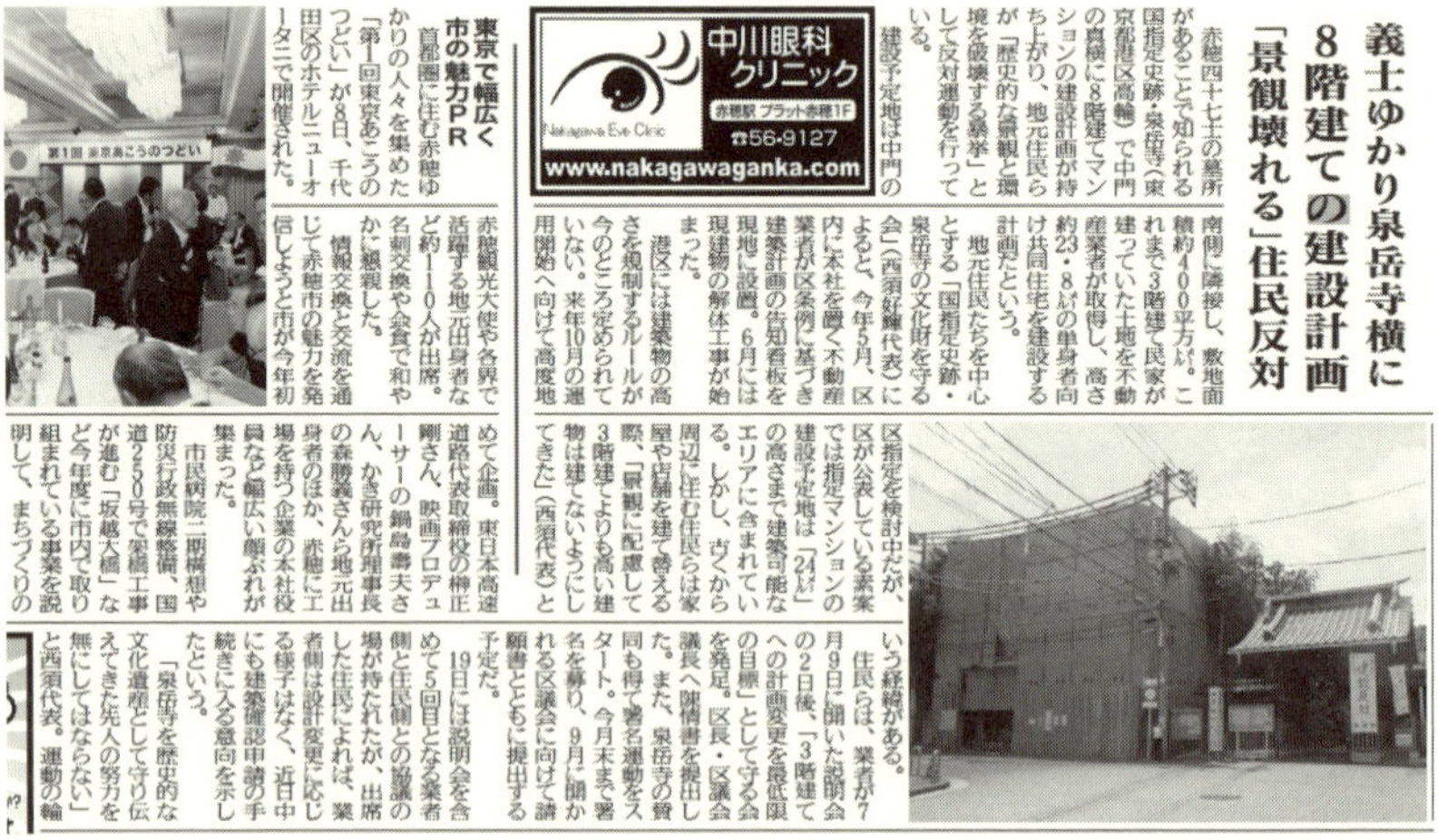

義士ゆかり泉岳寺横に 8階建ての建設計画 「景観壊れる」住民反対

赤穂四十七士の墓所があることで知られる国指定史跡・泉岳寺（東京都港区高輪）で中門の真横に8階建てマンションの建設計画が持ち上がり、地元住民らが「歴史的な景観と環境を破壊する暴挙」として反対運動を行っている。

建設予定地は中門の南側に隣接し、敷地面積約400平方㍍。これまで3階建て民家が建っていた土地を不動産業者が取得し、高さ約23・8㍍の単身者向け共同住宅を建設する計画だという。

地元住民たちを中心とする「国指定史跡・泉岳寺の文化財を守る会」（西須好雄代表）によると、今年5月、区内に本社を置く不動産業者が区条例に基づき建築計画の告知看板を現地に設置。6月には現建物の解体工事が始まった。

港区には建築物の高さを規制するルールが今のところ定められていない。来年10月の運用開始へ向けて高度地区指定を検討中だが、区が公表している素案では指定マンションの建設予定地は「24㍍」の高さまで建築可能なエリアに含まれている。しかし、古くから周辺に住む住民らは家屋や店舗を建て替える際、「景観に配慮して3階建てよりも高い建物は建てないようにしてきた」（西須代表）という経緯がある。

住民らは、業者が7月9日に開いた説明会の2日後、「3階建てへの計画変更を最低限の目標」として守る会を発足。区長・区議会議長へ陳情書を提出した。また、泉岳寺の賛同も得て署名運動をスタート。今月末まで署名を募り、9月に開かれる区議会に向けて請願書とともに提出する予定だ。

19日には説明会を含めて5回目となる業者側と住民側との協議の場が持たれたが、出席した住民によれば、業者側は設計変更に応じる様子はなく、近日中にも建築確認申請の手続きに入る意向を示したという。

「泉岳寺を歴史的な文化遺産として守り伝えてきた先人の努力を無にしてはならない」と西須代表。運動の輪

東京で幅広く 市の魅力PR

首都圏に住む赤穂ゆかりの人々を集めた「第1回東京あこうのつどい」が8日、千代田区のホテルニューオータニで開催された。

赤穂観光大使や各界で活躍する地元出身者など約110人が出席。名刺交換や会食で和やかに懇親した。

情報交換と交流を通じて赤穂市の魅力を発信しようと市が今年初めて企画。東日本高速道路代表取締役の榊正剛さん、映画プロデューサーの鍋島壽夫さん、かき研究所理事長の森勝義さんら地元出身者のほか、赤穂に工場を持つ企業の本社役員など幅広い顔ぶれが集まった。

市民病院二期構想や防災行政無線整備、国道250号で架橋工事が進む「坂越大橋」など今年度に市内で取り組まれている事業を説明して、まちづくりの

2014年8月23日・赤穂民報（赤穂市）でマンション建設の記事載る

8月の終わりには泉岳寺児童遊園で地域の盆踊り大会があり、そこには民主党の海江田万里元代表と、自民党の片山さつき参議院議員も見えました。お二人ともこの問題のことを知り、「断固反対です！」ということを公言してくださっていました。

こうした中で、港区議会に建設計画変更を求める請願書を出すことにしました。

建設中止の請願が区議会で全開一致で採択

9月の議会で請願を提出する予定だった私たちは、区議の方々に相談をして何度も請願書を書き直しました。議論を重ねるなかで、「請願が通ってもこの建物は建ってしまう」と言って諦めてしまっている人も出て来ました。その人が行政や区議の人との交渉に行ってくれていたのですが、何度も交渉に行っても期待するような手応えがなく、「法律的に問題がないから止められません」といった回答ばかりを受けていたので、次第に諦めの気持ちが強くなってしまったのだと思います。それで

も、何とかこの問題を食い止めるという気持ちを一つにして、進んで行かなくてはなりませんでした。そうした状況の中で、私たちは9月8日に署名数7千829名の方の署名と一緒に請願を提出しました。提出した9月8日の朝、東京新聞の朝刊にようやく記事になったのです。さらにこの後、これを追いかけるようにテレビ朝日、TBSなどテレビ取材と報道も始まりました。

請願趣旨は以下の2点です（全文は巻末資料参照）。

・このマンション建設計画を泉岳寺の歴史的価値にそぐうものへの変更を求めるもの

・建築事業者側に対して、周辺住民が納得するような十分な説明を引き続き行うよう徹底した指導をすること

9月19日、港区役所で建設常任委員会が開かれ、私たちの請願についての主旨説明がありました。泉岳寺の牟田さんと私が代表となり、説明、質問に答えました。

委員会は区議の方が8名、行政担当各部の人が20名弱、そして傍聴席には会のメンバーやその他の方がこれまた20名弱という状況の中で始まりました。

最初に私たちの請願文を担当者の方が読み上げてくださって、それから私たち請願者の趣旨説明、そして委員会の方から私たちへの質問、最後に委員会の方から行政担当各部への質問という流れで、私たちは促されたときに答えるという形でした。公明党の杉本とよひろ区議、共産党の風見利男区議が、私たちの立場に立って、それまでの経緯や今後どういう対応が必要なのかなど、たくさんの質問をしてくださいました。事前に打合せもなかったので、私たちもその場で対応しなくてはなりませんでしたが、精一杯の回答をしまし

た。

しかし、行政担当各部への質問での行政からの回答は、またしても「法律上では……」という同じ回答の繰り返しで、聞いていて何とも言えない気持ちになりました。人はみんな生身で生きているんだと言いたくなりました。法律で定められていないからよいなんて、それだけでは生きていけないだろうと思いますが、この問題ではすべてがそこに行きつきます。

私たちへの質問はすでに終わっていますから、途中で割り込むわけにもいかず、本当なら「ハイ！」と手を挙げて発言したかったところですが、その気持ちを何度も堪えて、成り行きを見守るしかありませんでした。本当に悔しくて、やり切れない気持ちでいっぱいになりました。

そんな状況でしたが、最終的にはここで全会一致の採択がされたのです。委員会で全会一致となったことから、本会議でも全会一致での採択となり、私たちの請願は晴れて堂々と、議会も認めている内容だと言えることになりました。

採択はされたけれど……

ところが、このころ、解体工事は終盤に差しかかり、建築確認を扱う民間指定機関によってあっという間に建築確認もおりてしまいました。解体工事はいくらクレームを言っても収まる気配はありません。少し離れた住民の方からも苦情があったようで、１日に３度も警察が来たこともありました。

そうした中で、とうとう参道側の壁を壊したのです。10メートル違えば、確実に登録文化財である中門が壊れている位置でした。これに対して、解体工事業者からはきちんとした説明もなければ、安全対策の説明もありませんでした。行政にも「請願が採択されているのだから、もっときちんと業者に説明するよう指導して欲しい」と毎日のように言い続けましたが、「行政指導はしているが強制力がない」ということを理由に改善されることもなく、第一リアルターは自分の敷地内の壁だから謝ることはない、という信じがたい回答をしてきました。

請願が採択されたことの意味は、私たちの建築物は歴史的・文化的な環境を考えてという意味を、議会という私たちの代表機関が認めたということであり、とても意義あることです。しかしこれによって工事が止まるかというとまったく効力がな

2014年9月8日・東京新聞に記事載る

い。そのまま解体工事は継続され、建築確認もおりたので本体工事も行われてしまう。「こんなことはおかしい」とずいぶん考えたのですが、名案が浮かびません。ただ歯ぎしりしているだけです。

新たな展開へ。シンポジウムと会社辞職

もう周辺住民の力だけでは解決できない。もっともっとこの問題を多くの人に知ってもらう以外にない。私は景住ネットの上村さんから、現在の状態を一般の方に知っていただくための見学会を開いてみることや、シンポジウムを開催することを提案され、両方を行うことにしました。見学会には多くの方々に来ていただきましたが、何といっても圧巻はシンポジウムでした。

シンポジウムは、基調講演に法政大学名誉教授・日本景観学会会長の五十嵐敬喜先生を中心に、神戸松蔭女子学院大学教授の中林浩先生には神戸からお越しいただき、京都の事例のお話しを、また、浅草寺の景観訴訟原告団の一人である白田信重さんには浅草寺で起きた問題についてお話しいただくことになりました。泉岳寺からは主事の牟田賢明さんが泉岳寺の歴史と今の問題について話す。この全体の司会を中尊寺の世界遺産登録で活躍されたフォトジャーナリスト・佐藤弘弥さんにお願いすることになりました。

シンポジウム開催に向けてのチラシは、上村さんがデザインしてくださって、これがまた本当に素敵なものになり、大好評のチラシとなりました。

こうして着々と準備を進める中で、私は仕事とこの運動の両立が少しずつ負担になってきていることを感

じ始めていました。仕事はやりがいのあるものでしたが、気持ちのうえで私の中の優先順位はすでにこの運動のことでいっぱいになっていて、仕事に集中できなくなっていたのです。一方、守る会の中では、工事が進み、建築確認もおりてしまったこと、請願が採択されていても強制力がない、行政や区議の一部の人から言われる「法律的に問題がないから、この建築は止めることが出来ない」などという言葉と起きている現実の前で、気持ち的にもう仕方ないと思う人が増えていました。

私は仕事があるために行政や区議の人たちと交渉が出来ない。交渉出来る人が気持ち的に諦めてしまっては、この問題は絶対に解決出来ません。ようやく外部の人がこの問題をとても大きなことだと感じてくださり、出来る限りの協力をしてくださるようになってきた中で、守る会が運動を続けることに意味を感じられなくなってしまっては、泉岳寺を守ることは出来ない。

私はどうしても泉岳寺を守りたいと思っていました。誰に聞いても建築基準法の範囲内であれば、8階建ては建つと言われます。それこそ耳にタコが出来るくらい言われます。「仕方ないの、それが今の日本だから」と。全国各地でこのような問題が起きていて、そのどこでもが、「仕方ない、難しい問題だから」、となっていて景観が壊され、地域の人たちが苦しんでいることも知りました。赤穂義士（四十七士）は成し遂げられないようなことを成し遂げた人たちです。このままでは泉岳寺は泉岳寺でなくなってしまい、日本は日本でなくなってしまいます。

私は仕事を辞めることにしました。そして、「この用地は港区を絡めて買い取る」と心に決めました。

シンポジウム「社寺仏閣と地域の景観」開催へ

そして迎えたシンポジウム当日、定員を40名にしていたところ各地からそれをはるかに超える多くの方々が泉岳寺の講堂に集まりました。

五十嵐先生は、基調講演で、泉岳寺の歴史的価値という視点から、美しさの基準としての最高峰である世界遺産登録のことに触れて、泉岳寺が世界遺産登録される可能性があることを話されました。眼から鱗の内容でした。改めて泉岳寺、忠臣蔵の歴史的価値というものを再認識するきっかけをいただきました。

中林先生からは京都の事例。白田さんからは浅草寺の事例。泉岳寺受処主事・牟田さんからは、泉岳寺の歴史（本書に収載）についてお話しがありました。こうして色々な方からのお話しを聴くことで、泉岳寺が置かれている問題を客観的に認識することが出来たのは、とても意味のあることでした。

泉岳寺の価値は客観的に見ても価値のあるもの

シンポジウム・寺社仏閣と地域の景観ポスター

だということ、将来的には世界遺産登録だなんて夢にも思いませんでした。そして、現在の問題については京都の条例が全国で一番厳しくなっていても、やはり問題は起きているという現実があり、それを解決しているのは近隣住民の努力であること、浅草寺もお寺自身が周辺の敷地を買戻して景観を守ろうとしているということを知りました。つまり、大きな問題は法律という厚い壁があり、行政は法律内で仕事を行うので、行政の力では景観を守ることが出来ないのが今の日本の現状なのです。景観を守るためには、私たちが行動して変えていく以外に方法がないのです。

シンポジウムの最後に、私たちは泉岳寺宣言（宣言文は巻末資料）を採択しました。

こうして、シンポジウムは大成功とも言える結果となり、客席にはライフスタイルプロデューサー（映画監督）の浜野安宏さんも参加してくださっていて、「こんな理不尽な建築物が泉岳寺にあってはならない」旨の力強いコメントをくださいました。

道路に瑕疵《かし》あり―審査請求を提出

シンポジウムの準備と並行して、第一リアルターの計画には、北側道路（参道）を前面道路として8階建て建築を計画しているという点に「違法性」があるのではないかということがわかりました。そこで11月5日、港区建築審査会に対して民間指定機関がだした建築確認を取り消すよう審査請求を行いました。

この北側道路については色々と複雑な事情があり、本来であれば泉岳寺の参道であるはずのものですが、どういうわけか道路台帳上は区道となっていました。区道であればそのうえに建築物が建つはずがありません。ですから、道路台帳上ではその道の上にあるはずの中門は記載がありません。しかし、実際には中門があり、中門はその港区によって文化財に登録されています。そして現実にもその中門は車が通れる幅は「2・5メートル」、そして北側道路といわれる部分15・35メートルのうち、の「4メートル」は緑道となっています。しかし第一リアルターはその道を道路台帳上だけの道幅で計算して8階建ての計算をしていたのです。

これは明らかにおかしい。行政や事業者が行ってきた「合法」というのは一体何なのでしょうか。私たちはこの1点に焦点を絞り、異議申し立てをすることにしました。

そこで、私たちの主張が認められれば、第一リアルターは前面道路を東側の接道部分にしなくてはならず、この建築計画は崩壊してしまいます。工事は中止、建築は最初からやり直し、ということになります。私たちの一念が「合法」

参道の問題の道路の全体が分かる写真

を突き破ってくれることを期待したのです。

「義士祭」が「守れ！泉岳寺！」で一色に

2014年12月14日、泉岳寺と私たちにとって1年で最大のイベント義士祭がやってきました。義士祭には全国から大勢の人が観光バスなどで駆けつけます。仲見世も一番忙しくなるときで、守る会のメンバーはてんてこ舞いになります。何かアピールしたくても不可能なので、私は外部の人にも協力をお願いして、義士祭に向けてマンション反対の新しいチラシや幟を作成することにしました。それに合わせて署名についても再検討をし、マンションに反対するとともに、「港区に用地買い取りを求める」を付け加えました。

そんな中で、堀部安兵衛の出身地新潟県新発田から、「署名活動を応援します！」という連絡を頂いたのです。きっかけは、イラストレーターのもりいさんが新発田を訪れたことから始まり、安兵衛の菩提寺である長徳寺のご住職がお寺で署名活動を始めてくださったというのです。本当に有難くてお礼の言葉もありませんでした。

嬉しい連絡をもらい、義士祭の講堂の使い方にも工夫を凝らしました。五十嵐先生、シンポジウムにいらして下さったライフスタイルプロデューサー（映画監督）の浜野安宏さん、イラストレーターのもりいくすおさん、フォトジャーナリストの佐藤弘弥さんにトークセッションをしていただくことに決め、さらに、佐藤さん編集による過去の忠臣蔵ドラマのダイジェストと、マンション問題で報道された番組のニュースダイ

義士祭で行進する義士達

ジェストを流すこと。それに加えて、四十七士のイラストとプロフィール紹介のパネルを作成することにしました。四十七士のイラストはもちろん、もりいさん作。そしてプロフィールはもりいさんつながりの忠臣蔵の歩く生き字引、心から尊敬してやまないMさんにお手伝いいただきました。

新しい幟はもりいさんの協力のもと、切腹最中で有名な新正堂の渡辺仁久社長がご厚意で製作して下さることになりました。幟の文言は「望みは唯ひとつ泉岳寺の景観を守ることでござる」です。

そしてこの幟は毎年の義士祭で義士パレードを主催している、財界二世学院の小野寺紘毅さんにご協力い

幟
イラスト＝もりいくすお

署名活動のブースイメージ

ただき、義士パレードで持って歩いてくださることになりました。私が当初からずっとやりたかった義士パレードです。それを14日の義士祭でこの幟を持って歩いてくださるなんて嬉しいことでした。

本当に色々な方が協力をしてくださり、義士祭に向けての準備が進みました。そんな中でまた嬉しい出来事が！なんと義士祭当日に出る屋台80店舗で「守れ！泉岳寺！」のポスターを貼ってくれることになったのです。

義士祭当日、泉岳寺周辺は全国各地から何万人もの人が集まりました。署名ブースには行列が出来、講堂のイベントも大成功、そして義士パレードのとき、境内内は身動きが取れないほどの人で埋め尽くされていて、その中をあの幟旗を持った義士たちが、堂々と歩いてきたのです。門をくぐるときには旗を高々と掲げて……。今までにない、歴史に残る義士祭になったのです。

義士祭のことは、当日の多くのニュースで報道されました。また義士祭前にも地方新聞や、さらには「JapanTimes」でも記事になりました。私たちの運動は高輪泉岳寺から東京へ、東京から全国に、さらには国際的なものに広がったのです。義士祭当日もその後も訪れる観光客の方々が、テレビで見た、新聞で見たと、「こんなことはありえないよ!」と言って署名をしてくださいます。また、あの旗を持って写真を撮り合っている方々もいらして、こうした姿に触れ、感謝の思いが胸に刻まれていきました。

むすびー謙虚に、粘り強く、そして。

今の時代、この問題について善い悪いと言うことはなかなか難しい。でも、景観は周囲とのバランスがとれていなくてはならない、ということには世界中の人が同意してくれると信じています。それが利権とか法律によって壊されるのはおかしい。もっと言えば、個人の利益よりも全体の景観が持つ価値のほうが大切なんじゃないかと思います。今の若い人たちは、日本人らしい感性を失っていると言われていますが、なぜそんなことになるのでしょうか? 私はそうした理由の一つは景観にあると感じています。戦後建築された建物は、東京でも田舎でも、便利ですが殺風景なコンクリートの建物です。それまでの日本にはありませんでした。それが今高い建物が軒並み連なっています。人々は毎日空を見ることもなく、ビルの隙間をせかせか歩いて暮らしている。感性豊かに暮らしていたらとても苦しい。こうした日常に慣れていくために、いつしか感性をすり減らし、麻痺させていくのではないでしょうか。

義士祭の夜　四十七士の墓に手を合わせる人人人

義士祭が終わると、泉岳寺にはお正月まで束の間の静寂が訪れます。

お昼になると近くのサラリーマンやＯＬの人たちがお弁当を持って休憩をし、お年寄りや親子連れも散歩に来たりしています。赤穂浪士のお墓があるというだけでなく、地域のオアシスという役目も持っているのが泉岳寺です。

泉岳寺には美しいものがあります。一つは本堂から山門を振り返って見上げる空です。周辺がビルに埋められてしまったこの辺りでは数少ない広い空です。山門の瓦屋根に、夏は入道雲。秋には山門前のモミジが真っ赤に紅葉し、松の緑とモミジの赤、そして秋の高い青空のコントラスト、それは心が洗われるような光景です。また格別なのは雪景色の泉岳寺です。東京では今はもうめったに雪は積もりませんが、降り積もった雪はなぜか寺院の荘厳さを引き立て、普段は何気なく通っている門がとても神聖なものに思えるのです。

そして、私が子供のころから今でも、ずっと変わらず好きで美しいと思うのは、泉岳寺の鐘の音です。泉岳寺の上に広がる空に、朝と夕、この地域にその日の始まりと終わりを告げてくれています。

ゴーン、ゴーン、ゴォーーーン、と。心に鳴り響く音。

今回初めて知ったのは、この鐘は私の高祖父のときに造られたものだったのです。不思議な縁を感じました。都会では少なくなったこの日本らしい風景から、私はたくさんのことを教えてもらっていたんだと、改めて気づかされました。

今の日本では、泉岳寺と同じようなことが全国各地で起きています。日本の大切な文化が法律という壁により守ることが出来ず、日本らしい文化を持った風景、景観が壊され続けています。風景や景観の問題は、なかなか自分事として重要性を感じてもらい難い側面があります。ですが、無意識に影響を受けていることだからこそ、その影響力は、計り知れない大きなものなのだと思います。壊されていくこの現実は、「仕方ない」ということでなく、「私たちが行動すれば止めることが出来る」のです。そのためには、粘り強く慎重に、謙虚さと感謝の気持ちを忘れずに、結果が出るまで続けること。これが何より肝心なのだと信じています。一人ひとりが出来ることをする。私には、赤穂浪士が「仕方ないといって諦めてしまうのではなく、ならぬものはならぬと、正しいと思ったことを貫け」と改めて言っているように思えてならないのです。

泉岳寺にとって景観とは何か

泉岳寺受処主事　牟田　賢明

はじめに

２０１４年６月終わりごろ、初めて８階建てマンションの問題が発覚してから、４か月ほどが経ちます。この間、この問題のことを考えなかった日は一日たりともありませんでした。それからずっと、この問題のことを考え続けています。守る会の方々と、とにかく一緒に色々なことをやってきました。

今まで、泉岳寺には、こうした寺の景観に関わるような問題が起こっていなかったこともあって、今回のことで嫌でも考えさせられるようになったということです。私たちは今まで鈍感だったと反省しています。これを機に、私たちはこの問題についてしっかりと取り組まなければならないと思っております。

泉岳寺の歴史と赤穂事件

さて泉岳寺の歴史についてですが、泉岳寺は慶長17年（１６１２）、徳川家康が幼年、身を寄せた今川義元の菩提を弔うために、外桜田の地に創建したことが始まりでした。しかし、寛永18年（１６４１）の大火によって伽藍が焼失し、三代将軍家光（１６０４～１６５１年）の命によって、現在の高輪の地に移転再建されたものです。この移転のときに、尽力した五大名の一人が浅野家の浅野長直（内匠頭の祖父）でした。これがきっかけとなり浅野家と泉岳寺の関係が生まれています。

萬松山泉岳寺中門の古写真

そして、ご存じの赤穂事件というものが突然起こります。元禄14年（１７０１）３月14日の江戸城松の廊下で、浅野家当主浅野内匠頭が、吉良上野介に刃傷に及んだとして、切腹を命ぜられました。そのご遺体は泉岳寺に埋葬されました。ところが一方、吉良上野介には、殿中で刀も抜いていない、その後の態度も神妙であるとして、お咎めは一切ありませんでした。この事件により、赤穂藩は、お取りつぶしとなり、赤穂城も召し上げられました。そこで家老の大石内蔵助良雄以下三百数十名の家来たちは、赤穂藩再興のため、幕府に陳情するなどの努力を尽くします。しかしその願いは聞き入れられず、大石内蔵助は、遂に血判状をとって吉良上野介に主君の仇討ちを決行することを決意したのです。

そして、元禄15年（１７０２）12月14日、正確には15日の早朝４時ごろですが、仇である吉良邸に討ち入り、６時ごろに吉良さんの首を打ち取って、当泉岳寺に９時半から10時くらいに到着したと言われています。およそ12キロの行程です。義士の方々は、お墓の手前にある井戸の水で首を洗い、主君の墓前で仇討ち本懐のお焼香をしました。その間、事の顛末を幕府に報告するなどもして完璧を期しました。（このため泉岳寺に到着したのは44名でした。）大石内蔵助というリーダーの器量だと思います。また討ち入りに掛かった費用を「金銀請払帳」に書いて、最後に浅野内匠頭の妻である瑤泉院に届けています。44名の義士たちは、15日は一日泉岳寺で待機して、夕方から夜にかけてお預け先となる四つの大名家に移されていきました。

そして翌年の元禄16年（１７０３）２月４日に、預けられた藩邸で切腹されたのです。義士のご遺体は、その日の夕方から夜にかけて泉岳寺に運ばれてきまして、本堂の前で約１６０名の僧侶により略式の葬儀が執り行われました。

どうしてそんなにたくさんの僧侶がいたかと言いますと、泉岳寺は江戸時代の間、曹洞宗江戸三ケ寺・三学寮の一つだったからです。学寮というのは、今でいえば大学のようなところです。全国各地から学僧が集まり、宗学、漢籍、仏教学などを学んでいました。赤穂事件が起こった当時にも、約２００名の学僧がいたそうです。彼らは中門から山門にかけての参道の両脇に建てられた、出身地別の寮舎に寄宿し、修行に励んでいたそうです。

47名のうち、２月４日の切腹後、泉岳寺に埋葬されたのは45名です。間新六郎は切腹後に親族に引き取られて、彼のお墓は築地本願寺に建てられました。泉岳寺には供養塔だけがあり、萱野三平、寺坂吉衛門の供

泉岳寺本堂の古写真

養塔も後に作られています。泉岳寺は第二次世界大戦の際に、昭和20年5月の空襲で本堂、庫裏《くり》、書院、開山堂は全て焼けてしまいました。しかし、奇跡的だと思うのですが、浅野内匠頭ご夫妻と四十七士のお墓は当時のまま、しっかりと残っています。私たちは、この国指定史跡である歴史的文化財をお守りしながら日夜修行に励んでおります。

この問題が発覚して、報道をされるようになってからは、多くの方からお寺に電話や手紙、ＦＡＸなどをいただき、この日本人の魂の拠り所というべき墓所を見下ろすような建物を認めるわけにはいかないだろう、と言われています。私たちも全国にいらっしゃるこうした熱心なファンの方々のためにも、赤穂義士の方々が安心してお眠りになっていただけるようにも、そして日本文化を守りその儀式を今も毎日行っている空間を守らなければならないと思っております。

赤穂義士のエピソード

義士の方々には色々な方がおりますが、どの方にもそれぞれに人として自分に移し替えてしまうようなエピソードと、史実を誇張して伝える話もたくさん作られました。しかしそのどれもが人間味のある話です。

矢頭右衛門七《やとうよもしち》さんという方がいますが、この方は18歳で切腹されたことになります。18というのは数え年ですから、今でいえば高校1年生くらいになります。この方はお父さんもいらしたのですが、討ち入り前に亡くなってしまいました。そこで跡継ぎはこの若い右衛門七さんになり、右衛門七さんはお父さんの後を継いで一緒に討ち入りに参加したいと申し出るのですが、一度断られてしまうのです。そのときに右衛門七さんは「主税《ちから》さんもいるじゃないですか」と少し若い主税のことを持ち出し、そしてお母さんも立派にお役目を果たしてきなさいと言っている。ということを伝え、ようやく認められたそうです。

お預けになっている間、右衛門七さんは水野家にいたのですが、そこに右衛門七さんの妹が訪ねてきたそうです。兄がいるから会いたいと伝えたのですが、罪人扱いの人たちにはそう簡単に会わせることが出来ません。しかし水野家の人も不憫に思ったようで、庭に梅が咲いているから、その梅を見に来たと言いなさいと言って、中に入れてあげたそうです。そして一方右衛門七さんには庭の梅が綺麗だから、庭に出てみてみなさいと言い、庭へ行くようにと仕向けてあげた。そこで兄妹は久しぶりの再会を果たす訳ですが、言葉を交わすことは出来ません。妹は持っていた荷物をそっと置いて帰ったそうです。この荷物は何だったかというと、右衛門七さんの切腹のときにとお母さんが作った白装束だったと言われています。家族の一人が切腹になるというのに、その家族はみんなでその人を支えていたと伝えられています。

また、武林唯七《たけばやしただしち》さんという方は32歳で切腹されています。この人は毛利家で切腹をしたのですが、切腹の際に介錯人が失敗したのだそうです。どう失敗したのかは詳しく分からないのですが、武林唯七さんは介錯人の人に向かって、「もう一度落ち着いて介錯して下さい」と仰ったと伝えられています。切腹の際にそんなことが言えるというのは、本当に驚くべきことです。

そして義士の中で一番人気があるのが、大石内蔵助の長男大石主税さんです。この方は当時としては大柄な人物で5尺7寸といいますから、１７３㎝位になります。今ではこの身長だと普通かもしれませんが、元禄時代は本当に大柄な男子です。そのうえ、論語や和歌にも長じていた文武両道の若者だったようです。ですからその人気もわかります。この方は堀部安兵衛や俳人としても知られる大高源吾らと共に松平家にお預けになったのですが、俳句としては、

今日も春恥かしからぬ寝武者かな

母への思いを詠った和歌、辞世の句として、

あふ時はかたりつくすとおもへどもわかれとなればのこる言の葉

極楽の道は一すじ君と共に阿弥陀をそへて四八人

などが伝えられています。

主税さんは、切腹のとき、仲の良かった堀部安兵衛さんが、身分によって最初に切腹の座に就く主税さんがしっかりと切腹ができるかと心配顔で送ったそうです。「見事にご切腹なさいました」という声を聞くと安堵の表情になったとも言われています。お墓に行くとわかりますが、その二人が並んで眠っています。

こういう方々のお墓がここ泉岳寺にあるのです。そして、そのお墓に全国各地、世界中からたくさんの方々がお参りにいらしてくださっています。

赤穂義士の人気とは

どうしてこの赤穂義士の方々のお墓に人が集まってくるのでしょう。その問題を少し考えてみます。武士の人、みんな全てが赤穂義士の方のようであれば、珍しくもないはずです。事件にもならず、お参りに来る人もいないでしょう。つまり、赤穂義士の方々が引き起こした事件のストーリーには希少性があるということではないでしょうか。

最後まで「義」を貫きたいと、全ての武士がお題目のように唱えていても、いざ現実の世界では、武士道の理想を実現することは、至難の技です。ところが赤穂義士の方々は、武士の理想である「忠義」を最後まで貫いて仇討ちということを成し遂げたわけです。「忠」というのは真心、「義」は人が行うべき正しい道。江戸時代も元禄になると、武士は戦いに明け暮れる人たちではなくなっています。また、江戸という都市では、人口も急激に増加して、町人たちは、豊かになっています。そこに当時の将軍綱吉による様々な幕府の政策があった。そこで赤穂の武士たちの討ち入りという行動に、賞賛の声が上がり、江戸から日本中に拡散していったのではないでしょうか。

当初、赤穂藩士は300人以上いたということですが、それが200人になり、さらに一人減り二人減りして、ついには四十七士に落ち着いたということです。討ち入りの当日まで、どんどん脱落者が出ています。様々な事情があったはずです。その辺りは、歴史学や歌舞伎や小説などによって、虚虚実実の義士物語が、忠臣蔵ストーリーとして残っています。

無理もないですね。そして今日、310年以上前のことですが、私たちからすれば、四十七士を讃える観念が、魂のレベルの物語(無意識)として心の奥の奥にしっかりと息づいていると思うのです。忠臣蔵の物語は、それで武士道、義を全うした人たちが行った武士の象徴的事件となっているのでないでしょうか。

世界中の人が四十七士の墓所に手を合わせること

冬は(12月14日)義士祭がやってきます。泉岳寺では、春と冬二回、赤穂義士祭という行事を開催して四十七士の人々の歴史的偉業を偲んでいます。このときの人の数といったら、初めていらした方は驚かれるのではないでしょうか。境内いっぱい人、人、人となります。お寺では法要が行われますが、この日はお祭りなので屋台なども出ます。そしてご協力いただいている財界二世学院さんが主催される、義士行列があります。四十七士に扮した人が、築地から増上寺を通って泉岳寺まで歩くのですが、これまた沿道には、多くの人が300年以上も前の赤穂義士の行進を偲んで拍手を送ります。もちろん、義士祭でなくても、多くの人が四十七士の墓所に足を運び365日、手を合わせてくださっています。ここを訪れる人は、それぞれ贔屓の義士がいて、その墓に頻繁に訪れる人もいれば、この墓に来て、自分の心の平静を保つ人もいれば、映画で見た、あるいは歌舞伎で見た四十七士の墓を見たいということで訪れる人もいるでしょう。

どうでしょうか。これは私の勝手な思いと捉えられても結構なのですが、もう少し、深い意味があるような気もします。現代を生きる私たちにも、実に多くの我慢を強いられることが、色々な局面であると思います。仕事や家庭や友人との関係などですね。普段私たちは我慢して、その気持ちをやり過ごしています。赤穂義士の方々は、その我慢に我慢を重ねて、ついには命を賭けて我慢を爆発させた。私たちはそこに自分の気持ちや姿を仮託している可能性もあるのではないでしょうか。四十七士の快挙を思い、自分の普段の気持ちの中で昇華（胡散霧消）させているのかもしれません。

もうひとつ、現代の私たちが、稀有なことを成し遂げた人たち（四十七士）に行動する勇気をもらっている説も考えられます。これは、自分の仕事が、例えば政治家の人だったりしたら、政治家としての義、一番正しいやり方は何なのだろうか？　役人の人であれば、その役人として行政の一番正しい進むべき道は何なのか？　弁護士でも学生さんでも、それぞれの立場で一番正しいやり方、今進むべき道は何だろう？　と、思い悩んでいるときに、彼らの歴史的行為が墓を訪れる人に勇気を与えていると考えられないでしょうか。

人は多かれ少なかれ、こうだとわかっていても、実行に移せないことがあります。しかし赤穂義士の方たちは、様々な苦難や苦悩を乗り越えて、こんなハッキリと最も分かりやすい方法で行動に示した。それが、どこかで人の心（無意識）を惹きつける。よく言われるのは、彼らが日本の精神的支柱、倫理的支柱を示していて、そこに多くの人が無意識で惹かれて、お参りに来るということにつながっているのかもしれません。つまり、自分は出来ないけれど、何とかして自分もそのようになりたい、彼らの勇気と決断を受け継ぎたい。そんな気持ちを持っていらっしゃる方々もたくさんいるのではないかと思います。

もちろん私たちは、赤穂義士のように仇の首を取るなんてことは出来ませんし、こうした考え方は、不道徳であり、犯罪を構成し理解出来ない部分も多くあると言われる側面もます。しかし当時の「武士道」の考え方では、これが一番正しい道だったのだと思います。起こした行動そのものを、現代の価値観で判断することは出来ませんが、その精神的な部分においては、時代を超えて多くの人々が共感を抱くのではないでしょうか。

マンション問題・泉岳寺としての立場

私たちはこうして義士の方々をお守りしていると同時に、お参りに来られる方々の気持ちも大切にするという役目も担っていると思っております。

お寺というのは、世の中の大事なものを、これは精神的なものも、仏像や墓所なども含みますが、保全しているところなのです。これを私たちは未来に継承していく責任があります。つまりお寺は、日本人の精神と文化を伝える特別な場所なのです。

よく質問で「8階建てが建つことがなぜダメなのですか？」と聞かれることがあります。お寺で一番大切なのは本堂です。本堂にはお釈迦様がいらっしゃいます。そこで朝晩、私たちはお勤めをしています。お釈迦様のために供養をし、たくさんの祖師方の供養、義士の方々、お檀家さん、そして大きく言えば世界平和、国土の災害などがなくなるように祈るという「宗教的儀式」をしているのです。

本堂の前に「獅子吼（ししく）」と揮毫（きごう）された扁額があるのをご存じの方もおられると思います。あれは文政2年（1819）卯8月に薩摩藩第九代藩主の島津斉宣公が書かれたものです。昭和20年5月の空襲で焼失してしまったのですが、戦後、残されていた写真をもとに復元したものです。意味はお釈迦様の説法を、獅子ですから百獣の王のライオンが吠える様子にたとえたものです。お釈迦様が堂々と、また何者

泉岳寺本堂「獅子吼」の写真

にも恐れずに、正しいことを伝えている、ということでもあります。

話しは戻りますが、お寺というのは宗教的なことはもちろんですが、昔からの作法、儀式をずっと継承して守り伝えているという一面があります。朝のお勤め（儀式）が終わってはじめて、一緒にいる仲間に対して、「おはようございます」という挨拶をするのです。こうした儀式は全て正装で行い、普通の生活空間ではない「場所」で行われるのです。

これは何度でもくりかえしたいのですが、お寺というのは、今でもこのように昔から連綿と伝わってきた大切なものを継承している空間なのです。

そうした中で、もしも今回のマンション計画が現実化し、24mの建物が建ってしまえば、特別な場所である本堂は至近距離のマンションから見下ろされることになってしまいます。これは泉岳寺としては、絶対に受け入れられるものではありません。泉岳寺だけでなく、寺社仏閣と言うのは本来、この特別な空間が必要なところなのだと思います。しかし、今はそれを守れるものがないという時代です。今これから先のことを考えたときに、日本の貴重な文化を正しく伝え残すためにも、こうしたことを検討する必要があるのではないかと思います。

またもう一つ、コンクリートのマンションは、50年、70年も経つと老朽化してきます。老朽化した建物が至近距離に、特別な空間を見下ろしたままの景観を維持し続けるというのはどうでしょうか。私たちは戦災で焼失した本堂から庫裏、今回の書院などの再建・復興を70年という途方もない時間をかけて、先日ようやく終えたところです。

日本の本格的木造建築というのは瓦であれば２００年、建物も３００年は持つというような計算が出来て、維持することを大切にしています。コンクリートはそういうことは出来ないと思うのです。お寺というのは、そこにある建物と空間と景観などを、そっくり維持保全するというのが役割の一つであって、次の世代につなげていけるようにしている場所なのです。その過去から守られているものが、お寺に訪れた人に、何とも言えぬ安らぎや平安をもたらしているものなのです。

最後に

ひとつのエピソードがあります。この間まで解体工事をしていましたが、工事の期間、作業員の人がお昼休みにお寺にいらっしゃる。境内は広いですし、緑がありますからお寺はホッとするのでしょう。あの工事現場ではものすごい音がしますから、お昼くらいゆっくりしたいのでしょう……。

お寺の中門は非常に大切なものです。お寺の門というのは門をくぐるとそれだけで悟りが開けるといわれます。山門の天上には龍がおります。龍という想像上の動物は、仏教では優れた修行僧になるということです。仏様の優れたお弟子さんになれる。ということです。だから義士の方々も、修行僧も、お客さんも、門を通ってくるのです。

また、この中門には「萬松山」という額が掛かっています。これは中国の禅僧・為霖道霈《いりんどうはい》によって書かれたものです。引き揚げの際、大石さんたちも同じ文字を見上げながら中門を通り、主君の眠るお墓まで行かれたのだと思います。

私たちが、お寺、お墓、建物、文化、そして義士の方々の精神を大切にするということは、日本の精神的文化を大切にすること、これは日本の教育の問題にも影響することになると思います。

今工事は始まっておりますが、泉岳寺は、何とか大切なものを守ることが出来るように四十七士の精神を受け継いで、励んで参ります。多くの方々とこの空間を守り、次世代へ伝え残していけるようにと願っております。ありがとうございました。

合掌

（本稿は２０１４年10月26日、泉岳寺本堂で行われたシンポジウムでの講演をもとに補筆・修正したものである）

泉岳寺・赤穂浪士と世界遺産

法政大学名誉教授
五十嵐　敬喜

はじめに

泉岳寺に来るといきなり中門のすぐ脇に大きなマンション（鉄筋コンクリート8階建、23・83メートル、共同住宅39戸、東南アジアの富裕層をターゲットにした投資マンション。現在工事中。現在門前に完成予想図が掲示されている）が飛び込んでくる。これを見たら誰もがこれはいかにも「似合わない」と感じるだろう。

それはどうしてか・・・。このマンションが完成すれば、毎朝読経の行われる本堂や、この寺のレーゾンデートル（存在理由）である大石内蔵助など赤穂浪士（四十七士）の墓所が見下ろされる。どこか変だ。もう少し設計を変更すべきではないのか。

しかし、このマンションは建築基準法にかなった合法な建築物（住民は建築基準法に違反するとして民間指定機関を相手に港区建築審査会に審査請求中）であり、このままでは建築されてしまう可能性が高い。日本では、少しくらい景観が悪くなるからといって、工事を中止させたり、設計変更させたりすることはかなり困難である。その間、どんどん建築が進み、そのうち入居者が入ってきて、いつの間にか議論や反対の看板はたち消えになり、何もなかったかのように日常に戻るというのが現実だ。ここで「日本」ではとあえて強調したのは、外国、とりわけヨーロッパでは、教会の脇に、このような不釣り合いの建物が建っているというのはほとんど見られないからである。多くの人々がそのようなものは建てるべきではないと考え、それが都市法で規定されている。この落差はどうして生まれるのか、またどうしたらよいのか。「泉岳寺の景観」とは何なのだろうか。

景観（美しい）とは何か

冒頭に指摘したように、このマンションを見て「景観」が悪くなると感じるのは世界各国共通であろう。日本でもかなり昔から風景とか、眺め、風致、美観あるいは大きな意味での環境などという概念（言葉）は存在してきていた。似合わないという裏側には、このような感覚がある。しかし日本の場合、それらはいずれも漠然としたものであり、保護の対象やその範囲、規制内容などいまいちはっきりしない。ヨーロッパでは、建築物が石づくりであることなどもあって、近代に入っても城壁に囲まれた中世都市がそのまま存続していて、市民もそのような都市に住むことを何よりも愛し、誇りとしてきた。日本はこれと比べて木の文化ということもあるが、建築や町は時代とともに移り変わる。ある意味で、日本人はそれを当然と考えてきたのであろう。このような双方の差が明確に表れたのが、第二次大戦の都市復興である。ドイツやフランス、ポーランドなどでは第二次大戦によって多くの都市が破壊された。しかし戦後復興にあたって、これを元通りに再建すべしという意見が強く、ドイツロマンチック街道の諸都市やワルシャワなどに見るように多くの都市が戦争以前の姿に復元された。

日本でもヨーロッパと同じように第二次大戦によって多くの都市が破壊されたが、ヨーロッパのようにそのまま復元するというよりは、城など一部例外はあるが、戦後「高度経済成長」の下で、昔の姿などお構いなしに、所構わずコンクリートのビルが建築されてきた。このような建築や都市には、便利さや機能はあるかもしれないが、「美」あるいは「歴史や文化」は一切ない。これに異議を唱え「景観＝美しい都市」を主張したのが、神奈川県真鶴町の美の条例（１９９２年）などの自治体の条例や指導要綱であり、これを後押ししたのが、東京国立市の市民が提訴した「国立景観訴訟」（２００２年）であった。この裁判では第一審で東京地方裁判所は、住民の景観保護の主張を入れて、国立通りの並木20メートル以上の建築物の撤去を命じた。そしてこれらを受けて、２００４年に制定された「景観法」は、建物の形態や色彩について自治体が条例で規制できるとしたのである。これにより日本では初めて「景観」概念が法的に確定したといってよいであろう。

しかし、それでは日本もヨーロッパなどのように、景観を尊重するようになったかというと実はそうではない。

ヨーロッパでは、戦後復興にあたってフランスの作家であり、ド・ゴール政権で文化相となったアンドレイ・マルローの名前を冠した法（１９６２年、正式には「フランスの歴史的・美的文化遺産の保護を補完し、かつ不動産修復を促進させるための法律」）のように早くから景観は、単に「眺め」がよいというだけでなく、歴史と文化そのものであるとして、建築や都市を全面的・包括的に規制や保護の対象とし、美しいものを積極的に修理保存して残すようにした。それに対し、日本の景観法はフランスより40年も遅れたうえ、景観法で規制対象にするのはごくわずかであり、そのコントロール手法も多くは強制力を持たない行政指導にとどまった。この法的な差異は、ヨーロッパでは景観を皆が合意する「客観的な価値」と考えているのに対し、国立景観訴訟において一審の東京地裁判決を覆した最高裁判所がその根拠として持ち出した「景観は主観」であるという見解、いわゆる「景観主観説」がいまだに強い影響力を持っているからである。主観説では、何が美しいかはみなそれぞれ「勝手・バラバラ」というのであるから、コントロールしようがない。これが冒頭に見た日本の「曖昧さ」、つまり規制があるようでなさそうな状況を生み出しているのである。

しかし景観はほんとうに単に「主観的」なものであろうか。これを以下では、日本の景観に関する代表的な法である文化財保護法と同じように、世界を代表する世界遺産条約の両面から見ていきたい。なお、ここでの景観は、最も狭い意味での狭義の眺めや美しさというだけでなく、人類の創造や出来事を含めて、「普遍的な価値を持つもの」という意味でのもっとも広義なものとして、論を進めていくことにしたい。のちに見るように赤穂浪士はこの「出来事」にあたる。

さて、文化財保護法は承知の通り、建築や、絵、彫刻、そして町や、遺跡などを守る法律である。そこで、何が美しいかという判断は、もちろん文科大臣などが自由に決められるわけでなく、専門委員会が選び、その優劣・強弱などに応じて「国宝」と「重要文化財」あるいは「特別史跡」と「史跡」などと差異を設け保護方法を決定している。

ついで世界遺産は言うまでもなく「戦争は心の中から生じる。従って人の心の中に平和の砦をきづかなければならない」として戦後間もなく発足した国際機関（ユネスコ、１９４５年）が、「文化遺産及び自然遺産は、一国にとどまらず人類にとって貴重なかけがえのない財産である。これら価値ある財産がその一部でも損壊や滅失によって失われることになれば、世界のすべての人々にとって遺産が損なわれることになる」として遺産を登録し、それを永久に保護するというものである。これは「保護」という大義名分のもとで、これを破壊する戦争（災害、放置などを含む）に対し間接的に反対するために生まれたものである。現在、文化遺産・自然遺産の双方を含めて、1000を超す遺産が登録されている。

日本も最近の富士山、富岡製糸工場が世界遺産に登録された。2014年には、九州・山口の近代化遺産が登録申請され、2015年には長崎の教会群とキリスト教関連遺産、コルビジェの国立西洋美術館本館などが予定されている。その他にも古墳や松本城などの城、佐渡の金山などが待機しているということもあって、すっかり日本人にもなじまれるようになった。注目すべきは、ここでも美を含む「普遍的価値」について、誰か特定の人が、自分の好む「美」を独断＝主観的に決定し登録するというのではなく、イコモスなどの専門機関と世界各国からなるユネスコの全体会議が一致して、その合否を決定しているということである。従って日本国民がどのように要望しようとしても、鎌倉のように、当選ラインに至らないとして却下（最終的には取り下げ）されることもふんだんに起きてくるのである。つまり双方とも専門家の審査や世界各国の同意という民主的な手続きで、その優劣が定めている、という点で共通していることを強調しておきたいのである。

もし美が完全に「主観的」なものであるとすれば、その優劣を論じることや、その保護のために国あるいは自治体の公的機関がその優劣などを認定し、税を投入し、保護やさまざまな規制を強制するなどありえない。主観に対してそのようなことを行ったら、差別あるいは不平等、表現の自由に対する侵害などとして、憲法違反に近い暴挙となるであろう。こうして、私たちは美が客観的なものであることを前提にする。今回の泉岳寺のマンション問題はこの客観的価値に違反するのではないか、ということなのである。

泉岳寺の価値とは何か

それでは泉岳寺の持つ価値とは何か。泉岳寺は1612年、江戸幕府とともに徳川家康が外桜田に創設した寺院であったが、1641年の寛永の大火災で焼失した。その後、三代将軍家光の命により、毛利、浅野、朽木、丹羽、水谷の5大名により現在地に再現された。ここは禅宗曹洞宗の寺院である。ちなみに「御府内備考続篇」で宗派別に寺院を見ると、当時江戸では浄土宗（233）が最も多かったが、曹洞宗（155）だけでなく、臨済宗（70）、黄檗宗（9）などを合わせると禅宗は合計234ヶ寺となり、江戸最大であった（内藤昌「江戸と江戸城」鹿島出版　1966年）という。このような宗教の宗派別分布にも、江戸時代になっても、鎌倉時代以来の「禅宗と武士」との関係が反映していることがわかる。なお、武士と禅宗との関係について、日本の禅宗などを世界に広めた仏教学者の鈴木大拙は、「禅と日本文化」（岩波新書　赤1940年刊）で、「禅には一揃いの概念や知的公式を持つ特別な理論や哲学があるわけではない。ただそれは生死のキズナから解こうとするのである。・・・鎌倉時代の精神はこの点において、禅の男性的精神と相呼応していた。日本につぎのいい表しがある。『天台は宮家、真言は公卿、禅は武家、浄土は平民』」（第三章　禅と武士）としているのはとてもわかりやすい。

今回の「景観問題」理解のために、泉岳寺についてもう少し説明すると、江戸時代は2万余坪と広大な領域のなか、7堂伽藍を完備し、諸国の僧侶およそ200名が9棟の学寮に宿泊し修学に励むという学問的な大寺院であった。「江戸名所図会」(市古夏生他校訂　巻之一　ちくま学芸文庫)で当時の伽藍を見ると、敷地はほぼ海とつながり、参道が山門と本堂を一直線につないでいる。明治維新による廃仏毀釈によって敷地は縮小し、また戦災によって本堂など多くの建物が消失したが、赤穂浪士の墓地は全く損傷を受けずにそのまま維持された。泉岳寺はこの廃墟の中から戦後70年をかけて本堂や講堂を再建し、新たに赤穂義士記念館、義士木造館をつくり、最近も往時の伽藍配置も考慮のうえ、伝統的な木造方式で書院《しょいん》を再興した。ここは江戸期の気風を今に遺す禅宗寺院であると同時に、赤穂浪士(四十七士)の一大拠点なのである。

文化あるいは歴史や景観の観点からいって注目されるのはいうまでもなく「浅野長矩墓地赤穂義士墓」である。この場所(墓所)は、文化財保護法により、「歴史上又は学術上価値が高いものとして認められ保護が必要なもの」として国の「史跡」と指定され、さらに中門および山門、赤穂義士の墓地の門も、港区の「登録文化財」に指定されている、歴史・文化空間なのである。マンションが不釣合いだということは、まずこれらの歴史的・文化的景観と合わない、ということなのである。特に禅宗であるこの寺院では毎日何事にも妨害されることなく読経や禅の本質である坐禅(只管打座《しかんだざ》)が行われている。これがマンション建設によって見下ろされるようになれば宗教上の大きな障害、たぶんほぼ致命傷となる。

しかし、泉岳寺には、これだけでは済ませられない大きな「文化的価値」があった。それがまさに主君浅野内匠頭の刃傷事件から始まって、赤穂藩は断絶の憂き目に遭い、家老大石内蔵助以下の赤穂浪士(四十七士)が、仇である吉良上野介の屋敷に押し入って本懐を遂げ、最後には切腹して果てるという「物語=出来事」

である。ここの墓地に来れば日本人ならだれもがこの物語を想起するであろう。これは単に国の「史跡」というだけでは片付けられないのではないか。

赤穂浪士（四十七士）の物語は、よく知られているように、「仮名手本忠臣蔵」（1748年）が発表されて以来、江戸や上方あるいは京都で繰り返し、繰り返し歌舞伎や浄瑠璃などで演じられてきた。この江戸時代きっての大ヒット作は浄瑠璃作者二代目竹田出雲（1691〜1756年）によって書かれた。彼は、ほぼ50年前に起こった赤穂事件を題材に、江戸庶民が好む武士的価値観の「忠義」による仇討ちというテーマを主題に、これに浪士それぞれの人情や男女の恋愛沙汰などを巧みに取り入れ、今や日本的叙事詩の頂点といわれるような作品に仕上げた。現代の歌舞伎評論の第一人者渡辺保は、その著「忠臣蔵」（講談社学術文庫　2013年）の最後で『『忠臣蔵』はとかく忘れがちな『日本人』のルーツをつねに思い起こさせるドラマである。」と締め括っている。それにしても何故、これほど日本人が、この忠臣蔵というストーリーに執着するのか・・・。

驚くのは、これが封建時代の美談としてだけでなく、時代、制度や思想そして国民の暮らしが全く変わってしまった現在まで、途絶えることなく、映画、小説、テレビ、評論などとして演じられ論じられてきているということである。最近では日本だけでなく外国でもこのストーリーが映画で使われていることも注目すべきであろう。このような日本という地域を遥かに越えた赤穂浪士に対する支持と継続（もちろんマイナス評価もあるが全体的にはほぼ肯定的である）をどう見たら良いか、多くの論評が可能だろうが、ここでは今回のマンション事件と関連させて検討していきたい。

赤穂浪士と世界遺産基準の「第六」

ユネスコ世界遺産条約は、日本の文化財保護法や景観法と異なって、資産の価値を保護するうえで独特な構造を持っている。それは日本の文化財保護法は史跡として墓地そのものは保存するが、脇に立つマンションは無関係である。他方建築基準法も建築物の構造や容積などは審査するが、隣にある文化財とは無関係である。つまり双方はバラバラに切り離されているのである。今回多くの人が疑問に思ったのは、突き詰めれば、このような日本の法律とはいったい何なのか、ということでもあった。

これに対して世界遺産では、これが一体となっている。すなわち「構成資産　世界遺産そのもの」（泉岳寺）の周囲に「緩衝地帯」（敷地外の周辺一帯）というものを設け、この地帯を「推薦資産の効果的な保護を目的として、推薦資産を取り囲む地域に法的または慣習的手法により補完的な利用・開発規制をしくことにより設けられるもう一つの保護の網である。推薦資産の直接のセッテング、重要な景色やその他資産の保護を支える重要な機能を持つ地域又は特性が含まれるべきである」として、マンションなどの建設を厳しく規制しているのである。

この世界遺産の一体化の構造は最近急速に強化されている。世界的に言えばケルン大聖堂近くの高層ビル、エルベ川渓谷に建設される橋、日本では東寺（歩道橋）、二条城（高層ビル）、銀閣寺（宅地開発）そして平等院周辺の高層ビル、原爆ドーム前のマンションなど世界遺産を台無しにする「事件」がたびたび発生してきたからである。ユネスコはこれに対し、場合によっては世界遺産の登録そのものを取り消す、という強硬な姿勢で対処するとしている。現実に貴重な資産を侵害するような行為がなされて、資産の登録そのものが取り消されるという事態も続発した。そのため、現在ではこの緩衝地帯をどうコントロールするか、登録そのものと同じくらいに難関と言われるようになった。つまり、世界遺産の論理では文化財保護法と建築基準法が一体となっているのである。このような構造から言えば、もし泉岳寺が世界遺産に登録されれば、マンションは当然に建築禁止となる。でもはたして泉岳寺は、世界遺産級の価値があるのだろうか。

まず、墓地の史跡や港区の文化財はこの世界遺産に該当するであろうか。これは誰が見てもやはりパンチ力が弱い。特に世界遺産の完全性の要件から見れば、往時2万坪あったとされる広大な敷地が明治維新以降現在の7千坪ほどまでに縮小してきていること。また真実性の要件とかかわって中門、山門を含めて本堂、講堂、庫裡、書院なども修理や建替えられたものが多く、いずれも大きな難点があること否定できないであろう。

しかしこの中に赤穂浪士の「ストーリー」を入れると、これとは全く別な世界（可能性）が浮かび上がってくる。実は、世界遺産には、いわば「芸術的に優れている・美しい」などというものと、あまりよく知られていないが、世界遺産基準第6の基準「顕著で普遍的な重要性を持つ出来事、生きた伝統、思想、信仰、芸術的作品、あるいは文学的作品と直接または実質的作品と関連すること」というものがあり、この出来事、信仰、文学的な作品などという視点から見るとどうなるか、というのが今回の問題提起なのである。しかしそう言っただけではその全容がわからないので、そこでこれまでこの基準6に基づいてどのようなものが登録されたかを見てみよう。そうするとそのイメージが明確になる。

まず有名なのは、世界では、

①南アフリカのロベン島。この島の刑務所にはよく知られているように、アパルトヘイトに反対したネルソン・マンデラが27年間という長期にわたって収容されていた。マンデラは、その後釈放されて南アフリカ大統領になったほか、ノーベル平和賞を受賞している。ユネスコはこれらの出来事を見て「ロベン島の建築群はこの島の鬱々たる過去を物語っている」として6の基準に該当するとして登録を認めたのである。なおここは6以外にも「刑務所」などについて「歴史上重要な段階を物語る建築物、その集合体、あるいは景観を代表する顕著な見本」として評価基準3も付け加えているが、なんといってもロベン島の面目はマンデラの人種隔離政策に反対する闘争にある。刑務所はその反対運動の象徴的な意味を持つ。

②アウシュビッツ強制収容所。これは言うまでもなく、第二次大戦のナチスによる象徴的な人種差別の遺産であり、ここでは6だけが適用されている。

③その他、アメリカ独立記念館、自由の女神像などが基準6によって登録されている。

日本では

④原爆ドームが6で登録されているが、そのほかにも法隆寺、厳島神社、古都奈良の文化財、日光の社寺、琉球王国のグスク及び関連遺産群，紀伊山地の霊場と参拝道、平泉　富士山」にも6の基準が適用され

ているが、その本質は6というよりは3などその他の基準である。

これを見ると、それぞれの建築物（工作物）がそれ事態としては世界遺産の水準に至らないが、それでも世界遺産とされた理由が明白である。すなわち、「アパルトヘイト」はもちろん人は生まれながらにして平等という普遍的な人権に対する明確な差別である。アウシュビッツ及び原爆ドームは戦争による悲惨を告発し、それに対する深い反省と戦争の根絶と希求を示すものであり、アメリカ独立記念館あるいは自由の女神像は、封建体制からの呪縛を断ち切り近代の曙を示し、自由や平等あるいは博愛という人権を獲得していく進歩のモニュメントであり、いずれもそれらは「普遍的な価値」を有している。そしてそれらの痕跡を持つ物的な遺産が世界中のすべての人々に対して「感動、教育、救済、浄化、一体感、希望、飛翔・想像力」などという動機づけを与える。それゆえこれを未来に継続していくことが必要であるということなのである。

赤穂浪士の現代的意味

赤穂浪士をどう見るか。そこには周知のように肯定論、否定論など、様々な議論がある。まずは代表的な肯定論から見てみる。

「赤穂四十七士の主君は切腹を命じられた、彼は、控訴する上級裁判所を持たなかった、彼の忠実な家来たちは、当時存在した唯一の最高裁判所である復讐に訴えた、そして彼らは法によって罪の宣告を受けた。

しかし、民衆の本能は違う判決を下した。それゆえに、四十七士の記憶は、泉岳寺に残った彼らの墓に今に至るまで香華が絶えないのと同じように芳香を放っているのである」（新渡戸稲造著「武士道」山本博文新訳ちくま新書２０１０年）

これは英語で発表された「武士道」（１８９９）の中に新渡戸稲造（１８６２〜１９３３年）の赤穂浪士論である。赤穂浪士の物語は、この世界的な名著「武士道」によって、世界に広がったといって過言ではない。彼によれば切腹という罪に問われた四十七士であったが、江戸の民衆から見れば、彼らは犯罪人ではなく稀代のヒーローであった。

次ぎに否定論である。何といっても否定論の代表格は、江戸の儒学者であり、将軍綱吉の側近である柳沢吉保の懐刀といわれた荻生徂徠（１６６６〜１７２８年）であろう。「問題は浅野長矩が吉良義央を殺害しようとしたのであって、義央が長矩を殺したのではない。つまり（赤穂浪士にとって義央は）仕えている君主の仇といえるような存在ではない。赤穂藩は浅野内匠頭が、義央を殺害しようとして国が滅んだのであり、義央が赤穂藩を亡ぼしたのではない。君主の仇などではない。長矩がある朝、怒りに任せ、永遠に家を繋げとの祖先の思いも忘れ、血気に流行って義央を殺害しようとしたがうまく果たせず、これは義などではなく不義というべき行為である。四十七士の者は、その間違った不義の志を継いだというべきで、義より発した行為とはけっして言えない。」（「四十七士論」を現代語訳。原典は日本思想大系　27「近世武家思想」　４００頁　岩波書店　１９７４年）という論は、当時この事件のある意味での当事者から発信されているという意味で、とても貴重なものであり、現代のような法治国家のセンスでいえば相当な説得力を持つ。

もう一つ否定論の代表的なものとして、今度は時代の変わった論客である福沢諭吉（1835～1901年）の「学問のすすめ」を見てみよう。「昔、徳川の時代に、浅野家の家来、主人の敵討ちとて吉良上野介を殺したることがあった。世はこれを赤穂の義士と呼んだ。これは大きな間違ではないか。この時の日本政府は徳川幕府であるが、浅野内匠頭も吉良上野介も浅野家の家来もみな日本国民であって、政府の法にしたがって保護を約束されている。ところが、ちょっとした手違いから上野介が内匠頭へ無礼なことをしたからといって、内匠頭は問題を政府に訴えることをせず、怒りに任せて、私的に上野介を斬ろうとして、ふたりの喧嘩となったのであるが、徳川政府は裁判にて内匠頭へ切腹を申しつけておいて、上野介へは刑を科すことなく放免となったのである。これは実に不正な裁判というべきである。もしも浅野家の家来たちが、この裁判を不正なりと思うならば、何故、政府に訴えなかったのか。四十七士が顔をそろえて意を決し、法に従って政府に訴え出たならば、元来、武士の政府であるから、最初はその訴訟を取り上げず、その人を捕えて殺すこともあるかもしれないが、たとえ一人が殺されても、これを恐れず、また別の者が、訴え出で、四十七人の家来が最後まで、理を訴えて命を失い尽くしたならば、どんな悪質な政府でも、ついには必ずその理に応じることもあったであろう。そして上野介にも刑を科して裁判を正しく実行するように務めるべきである。」（「学問のすすめ」岩波文庫　より現代語訳）。これも近代的な感覚である。

もう少し別な角度からこの事件を見たものとして、最後に現代の政治思想を代表する丸山真男（1914～1996年）の「赤穂義士があれ程もて囃されたということは、反面から見るならば武士道が現実の規範力をいかに喪失いたかということを証示する。」（「丸山真男講義録　第一冊」東京大学出版会）という見解も注目しておきたい。
これら否定論を含めて、賛否様々であるが、これを世界遺産基準6の観点からその資格があるかどうか、これを判断するためのいろいろな事跡を順不同で挙げておこう。

基準6への序奏

日本文学研究の世界的権威であるドナルド・キーン（1922年〜）によると「仮名手本忠臣蔵」は「おそらく日本文学の中ではじめて外国語に翻訳された作品であろう。一七九四年には、早くも中国語の口語体に訳されていたのである。」（「日本文学の歴史8　近世篇2」中央公論社　1995年）。これは驚くべきことである。最初の日本文学の外国への翻訳が「万葉集」や「古事記」あるいは「源氏物語」ではなく、赤穂浪士の劇である「仮名手本忠臣蔵」であること、しかも1794年という日本の鎖国時代に、オランダなどではなく中国で訳されたというのであるから・・・。

次ぎに、世界初の本格的日本人論というべき名著「菊と刀」を挙げないわけには行かない。これはGHQの日本占領政策とも深く関わったアメリカ・コロンビア大学の文化人類学者ルース・ベネディクトの著書であり、第二次大戦中、アメリカの勝利と日本の敗北が目前に迫っていた頃（1944年）に執筆された。

冒頭は「日本を理解することが重要な事柄となってきた時、・・・日本本土に侵攻することなしに降伏させることはできるだろうか。われわれは皇居の爆撃を行うべきだろうか。・・・アメリカ人の生命を救い、最後の一人まで抗戦するという日本人の決意を弱めることができるだろうか」（長谷川松治訳　社会思想社、1972年）という問題意識から日本の「文化の型」が探求される。

その中で10ページほどの頁数を割いて日本独特な文化を表すものとして「忠臣蔵」を分析し、「日本の真の国民的叙事詩というべきものは『四十七士の物語』である。・・・この物語ほど日本人の心を強く捉えているものはほかに類がない。・・・四十七士の墓所は昔から今に至るまで名所となっていて、何千何万という人々が参詣した。『四十七士』の主題は主君に対する『義理』を中心としている。」と評した。ただ、ルース・ベネディクトはのちに見る通り単純な肯定論者ではない。

以上は戦後の近代人による評価であるが、さらにさかのぼって、日本の文化がどう外国人に見られていたか、武士道＝赤穂浪士の土壌と関係しているテキストを紹介しておきたい。論者はキリスト教を日本にはじめて伝えたイエズス会宣教師でスペイン人のフランシスコ・ザビエル（1506～1552年）である。「この国（日本）の人びとは今までに発見された国民の中で最高であり、日本人より優れている人々は、異教徒のあいだでは見つけられないでしょう。彼らは親しみやすく、一般に善良で、悪意がありません。驚くほど名誉心の強い人びとで、他のなにものよりも名誉を重んじます。大部分の人びとは貧しいのですが、武士も、そうでない人びとも、貧しいことを不名誉とは思っていません（中略）。日本人は侮辱されたり、軽蔑の言葉を受けて黙って我慢している人びとではありません。武士以外の人たちは武士をたいへん尊敬し、また武士はすべて、その地の領主に臣従しています。もしも反対のことをすれば（当然）領主から罰を受けることになりますが、それよりも、臣従しなければ自分の名誉を失うことになると考えているためだと思います。・・・

彼らはたいへん善良な人びとで、社交性があり、また知識欲はきわめて旺盛です。」(河野純徳訳「聖フランシスコ・ザビ エル全書簡3」東洋文庫)。

ザビエルは、続けて、日本人の教育の高さをレポートしている。日本には、高野、根来、比叡山、近江そのほかに坂東（足利学校）に大学（寺院）があってそれぞれ3500人以上の学生を擁している」と報告している。これはその後の武士道と宗教との土壌や接近を理解するのに役立つ。当時の寺院は現在でいう総合大学であり、そこではそれぞれの仏典の教義以外にも薬学、鉱山学なども講じられていたといわれている。この中で勉強した僧侶の一部はのちに僧兵となり、織田信長など戦国武将と対峙した。

戦争と宗教、宗教の中の禅、禅と武士道、武士道を誇りと見る日本人、さらにその底辺を支える寺子屋も含めた日本人の教養、これらは日本理解にとって不可欠な要因である。

もう一つ本書コラム（渡辺勝道）で触れているH・G・ウェルズの「モダン・ユートピア」である。彼は当時SF作家として有名であったが、モダンの近代社会では「武士の高貴的な精神と無償の労働奉仕が必要となる」とし、この思想は先に見た新渡戸の「武士道」によっていることを明らかにした。今から100年前、「武士道」が出版されてまもなく、これが、ヨーロッパのユートピアンに受け入れられていたということも驚きである。

最後に、赤穂浪士にかかわる幕府、武士と町民という以外に天皇がどう見ていたかを示す一つの事例を見ておこう。「元禄快挙録下」（福本日南　岩波文庫　1940年）は明治天皇が、明治元年（1868年）戊申11月5日、東京行幸の際「汝良雄ら、固く主従の義をとり、仇を復して法に死す。汝らの墓を弔し、かつ金幣を賜う」として、泉岳寺に勅使を派遣したという。

これによれば明治天皇も大いに赤穂浪士に関心を持ち、かつ賛美していたと見受けられるが、いうまでもなく天皇の問題は日本人に理解するためのキーワードであった。先のルース・ベネディクトによれば、これこそまさに「日本文化の型」を示す典型である。赤穂浪士に限って言えば、忠義の対象が、日本では実にスムーズに主君から幕府、幕府から天皇に移り変わり、天皇は最後に軍国主義と結びつき、忠義イコール特攻隊のような悲惨な結果をもたらした。これを私たちはどのように受け止めたらよいのか、戦後70年たった今でも大きな宿題になっているのではないか。

終わりに

赤穂浪士の持つ価値、武士道すなわち「忠義」を頂点とする「義、勇、仁、礼、誠、名誉」(これは儒教にも見られる価値観であるが、忠義は君主に対する絶対的な服従・従順を示すものでこれが武士道の典型であるという見解がある)と、西洋社会の持つ価値、キリスト教から始まる自由、平等そしてさまざまな基本的人権、さらには国民主権を原理とする民主主義的な国家体制がどう交差するか。世界遺産基準6の論点とは、つまるところこれを突き詰めるということである。

そのアプローチの仕方の一つとして先に見た新渡戸稲造(1862~1933年、「武士道」矢内原忠雄訳 岩波文庫 1938年)と、新渡戸と同じ時期のドイツの社会・経済学者マックス・ウエーバー(1864~

1920年）の「プロテスタンティズムの倫理と資本主義の精神」（大塚久雄訳　岩波文庫　1989年改訳）をあげておきたい。同書では当時のドイツの文化の型としてプロテスタントの「天職　ベルーフ」が、初期資本主義を生み出したとした。それは忠義や名誉などの日本の型とは全く異なっているのであるが、双方が「初期資本主義」と大いに関係しているという点では共通性も見られるようである。というのも最近、これも世界遺産と関係するのであるが、日本では、明治維新以降日本が欧米各国に追いつき追い越すために急速に近代化をはかるために準備した溶鉱炉、反射炉そして炭鉱や鉄道には欧米の技術の導入とともに日本の知恵と技術の展開があり、その中核に日本の武士道があったという議論が注目を浴びるようになっているからである。

赤穂浪士ストーリーをどう読むか。世界中の人々の判断にゆだねるほかないが、私には、将来武士道という考え方が、世界的な価値になることもありえないことではないのではないかと思われるのである。何故、江戸初期の一事件に、全く時代の異なった今日、日本人だけでなく外国人を含めて、「心」が揺さぶられ続けるのか、賛否を超えて深く考えられるべきであろう。

その根拠の一つが現代日本の世相である。日本では孤独死、無縁社会、親殺し・子殺しが「日常」となった。この問題に対して戦後私たちが受け入れてきた西洋的価値（あるいは近代的価値）である、権利と義務、表現の自由などの基本的人権、あるいは民主主義といったものはどのように役に立つのであろうか。

私はここでは論じられないが、少子・高齢化が世界でも最も早いスピードで突き進む日本では、この「解体された個人」をもう一度結び直す価値としての「現代総有」（五十嵐編著「現代総有論序説」（株）ブックエンド　２０１４年）の創設が不可避と思っているのであるが、その際、現代的総有の主体となる「親和的で協和的」なコミュニティには権利と義務を超えた価値が必要となる。その一つとして「誠」や「義理」あるいはこの主体に対する「忠義」、あるいはまたマックス・ウエーバーのいう天職を中心とするプロテスタンティズムの倫理が浮上すると考えているものであり、いずれそれは東洋精神と西洋精神の相克を超えて世界の普遍的な価値となるのではないか。

歌舞伎はすでに世界無形文化遺産となった。禅も茶道もすでに日本を超えて国際文化である。いずれ「武士道」も。そのために現在の私たちが「努力」しないのは、まさに「恥」なのである。

コラム「武士道とモダン・ユートピア」

「武士道」と「モダン・ユートピア」という一見して何の関連性も無い2つの語が、20世紀初頭のイギリスで結びつき、後世の社会に少なからず影響を及ぼしたことはあまり知られていない。

１９００年に日本の新渡戸稲造によって「Bushido」が発表された。このころ、イギリスでは産業革命以降の社会改良運動とユートピア思想が結びついて、「新しい都市」を模索する動きが始まっていた。そのなかで最も有名なものがエベネザー・ハワード（1850～1928年）によって提唱された、コミュニティーの形成を重視した「田園都市」である。これは都市の機能・快適さと農村の自然や豊かさを結び付け、職住近接の町を創るというものであり、１８９９年にはこれを実現していくための田園都市協会が設立され、レッチワースの都市がつくられ、これはその後イギリスのニュータウンのモデルとなっていく。この運動に当時、人気作家で政治的にも影響力のあったH.G.ウェルズ（1866～1946年）が、田園都市協会の副総裁として参画することになった。当時、資本主義の都市と国家は、資本家と労働者に分裂し、他方社会主義は、まだ理論段階にあった。ウェルズはレッチワースの開発が始まった翌年には、田園都市協会副総裁の職を辞すが、その後まもなくユートピア小説「モダン・ユートピア」（未邦訳　1905年）を発表する。ウェルズは田園都市の経験の中から「管理社会への憂慮」を学び、これを打破するためには、世界中それまでどこにも見ない新しい何かが必要と考えた。この時

Pengin Classics 版
「A Modan Utopia」表紙（注１）

ヒントを与えたのが、先に見た新渡戸の「武士道」であったのである。ウェルズは言う、「サムライと呼ばれる強固な結束力を持つ、無償（voluntary）の貴族階級によって管理された社会」が必要である。

「旅人が空間を越えて訪れたユートピアでは、数百年前に偉大な組織サムライが誕生し現在に至っている。

その任務は、広くユートピア全体の基盤と体制を持続する事である、また組織は完全な協議によって体制化されたものである。

それは社会的、政治的問題と混乱から発生したもので、地球の歴史上における同様な形態を挙げれば政治的、宗教的制度の始祖としての古代ギリシャの哲人政治であろう。

我々の住む貧しい世界に、個人主義や民主主義的自由や無政府主義をもたらし、世界的な経済の根本的な弱点である人々の中の過剰な投資に対し、意識的に無策な政府に対する絶望は、ユートピア的自己犠牲の思考においては歴史上にも現れないものだ。その歴史は、個人の追求が空腹を満たすのと同じように、人間の本性以外の何物でもない。

ユートピアは過ぎ去った良き昔と同じだ、現在の我々の世界では、非効率的なエネルギーが、宗教的な情緒、愛国運動、芸術的熱情、ゲーム（注2）、アマチュア的仕事に費やされるようになってしまった。全世界の努力の結集のうち途方もない部分が、宗教的・政治的な誤解・衝突、飽き足らない享楽、非生産的職業に浪費される。

ユートピアにおいて、それらは改善されるが完全とは言えない、ユートピアにも不和や争い、浪費は存在する、しかし、それらは我々の世界に比べれば限りなく少ない。そして、協同の生産と生活などによって問題は計画的に改善される、その達成の過程にサムライが必要なのである。」（注3）

ユートピアはもともとトマス・モア（1478～1535年）から始まった。さらにこれがサン・シモン、シャルル・フーリエ、オーエン、ウイリアム・モリス、そしてウェルズに引き継がれた。この「モダン・ユートピア」はその一つの結晶である。しかし彼の時代は、オールドユートピアの時代と異なって、１９１４年の第一次世界大戦、さらに１９３９年の第二次大戦という悲劇が待ち受けていた時代であったことも忘れてはならない。

インペリアル・カレッジで生物学と進化論について学んだウェルズは「ネイチャー」などにも寄稿する科学者の一面も持っていた、そして知識に裏づけされたSF小説、「タイムマシン」（1895年）や「ドクター・モローの島」

（1896年）、「宇宙戦争」（1898年）など現在でも有名な作品を発表した。しかし、1901年に発表した、科学と未来についての作品「予想」が転機となり文明批評色の強い作品を発表するようになり、この「モダン・ユートピア」も、彼のその後の政治的な活動の準備となっていく。

第一次大戦を機にウェルズは世界平和と人権問題に取り組み、国際連盟の設立を提唱したほか、各国の首脳と会見を行った。ウェルズの理想とした「国家主権の根絶」の訴えは叶うことはなかったが、彼の目指した新世界秩序とは、全国家の戦力放棄と世界的な警察組織による紛争の撲滅であったことを考えると、ここにもサムライの影響があるのではないだろうか。

その後に彼が中心となってまとめた、人権宣言「サンキー宣言」（1940年）は1948年の世界人権宣言に大きな影響を与えるに至った、このなかでのウェルズの思想が「日本国憲法第9条」を生み出す大きな要因になったことは浜野輝（1928～：作家、ウェルズ研究家）らによって明らかにされている。

巨視的に言えば、日本の武士道は海を渡り、西洋社会で紹介・採用され、最後に「平和の思想」として日本に戻ってきたといえる。

このように日本の武士道が世界に与えた影響は広範に及んでおり、今後も新たな事実の解明が期待される。

注1　「モダンユートピア」は版を重ね最新版のペーパーバックには日本的な装丁がなされ、巻末の解説にはサムライの哲学「Japanese philosophy of Bushido」について新渡戸稲造の「Bushido」からアイデアを得たと記されている。

注2　ウェルズは未来予言者ともいわれ原爆や細菌兵器などを予言した、さらに戦争ゲームを題材とした「Little Wars」などの作品を著し、ゲーム社会の到来をも予見していたといえる。

注3　「A Modan Utopia」H.G.Wells より筆者訳

渡辺勝道（建築家、法政大学現代法研究所委嘱研究員）

あとがき

この半年の間、私は泉岳寺とこのマンションの問題を考えながら無我夢中で生きてきました。その中で今とても重く受け止めていることがあります。それは、このような事態について、日本ではこれを改革することが途方もなく大変だということです。

私たちは当初、この問題は港区で起きているので、港区の行政や議会が動けば何とか解決するのではないかと思っていました。そして港区議会は私たちの請願を取り上げてくれて、このマンションを泉岳寺の景観に合うよう修正することを議決してくれました。しかし、議会が議決しても行政はこれに縛られない。行政の人たちのなかにもこのような建築に心痛めている人もいると思いますが、工事をはじめるための建築確認は別なところで行われ、彼らも手出しができない。ではこの建築確認をする人はどうかというと、彼らの仕事の根拠である建築基準法は、泉岳寺の景観など何も関係がない。みなそれぞれに一生懸命なのですがバラバラというかちぐはぐなのです。

私たちは、これはおかしいのではないかと思い、沢山の専門家の意見を聞き、また義士祭などでも多くの人に訴え、マスコミにも思いのほか好意的な報道をしていただきました。しかし、それでも工事は着々と進むのです。でもホントにこんなことでよいのでしょうか。私はどうしても納得できませんでした。そこでこの問題を全国・全世界の人に知ってもらい、二度とこういう事態が起こらないように「解決策」を考えていきたいと思い、急遽この本を作ることにしたのです。

108.155　亡くなられた作家、司馬遼太郎さんは、生前こんなことをお話しされていたそうです。「今の日本人の大多数が「合意」すべき何かがあるはずです。不用意な拡張や破壊を止めて、美しいものを大切にする優しい日本に戻れば、この国に明日はある」。

今、日本社会は様々な面で岐路に立っていると思います。地方では、限界集落に見られるように放棄も起きています。ここ高輪に住んでいると良くわかるのですが、政府がいくら「地方創生」を唱えようと、東京のやみくもな開発は一向に止まりません。司馬さんのいう「日本を美しいものにする」という合意はどんどん崩れ去っていくような気がします。みなさんも日々の暮らしの中で、いろいろなことにつきあたり本当にこれでよいのだろうか、という想いがあるのではないでしょうか?

でも「何も出来ない、仕方ない、誰かがやってくれる、目をつぶる」なんて思わないでください。出来ることはあります。また私たちだけでなく次の世代の人のためにもしなければなりません。私は本文にも書いた通りこれまで泉岳寺と共に生き暮らしてきました。そして今痛切に思うのは、あの線香売り場のおじさんの「赤穂浪士の人々は誰もがしたいと思いながら、誰もできなかったことを命を懸けて行った。日本の誇りだよ。」というあの言葉です。この泉岳寺の問題は、実は、泉岳寺の景観を守るというだけでなく、「なすべき時にはしなければいけない」ということではないでしょうか。専門家の人がいろいろなことを調べてくれて、この本にも少し紹介されていますが、外国では今から1世紀も前にこの赤穂浪士というか武士道の高貴な精神にうたれて、この精神をあるべき社会の土台にしなければならない、と書いた著名な作家もいるというような話を聞き、美しい日本の明日への一歩を作りたいと思いました。

最後にこのブックレットの出版にあたり、無茶な注文を全部引き受けてご協力下さった公人の友社の武内英晴さんには、本当に心から感謝申し上げます。ここには書ききれませんが、その他に多くの方々にご協力、ご支援を頂いてこのブックレットが完成いたしました。その皆さまに心の底から厚く御礼、感謝申し上げます。そして最後までお読みくださった読者の方にも感謝を。それぞれできるところから一歩前へ。

吉田　朱音

２０１５年　初春

泉岳寺歴史年表

慶長17年■（1612年）今川義元の菩提を弔うため、江戸城に近接する外桜田の地に創建。

門庵宗関和尚（1546年～1621年）を迎えて開山。

萬松山は松平の松より、「松萬代に栄ゆる」の意から、寺号泉岳寺は、徳川に因み、「源の泉、海岳に溢るる」の意からつけられたと旧梵鐘の銘に記されている。


寛永18年■（1641年）寛永の大火によって伽藍が焼失。


正保年間頃■三代将軍家光の命により、現在の高輪の地に移転再建。

毛利・浅野・朽木・丹羽・水谷（みずのや）の五大名が尽力して完成する。


元禄14年■（1701年）3月14日（新暦4月21日）浅野家藩主・浅野内匠頭長矩が江戸城松之大廊下にて、吉良上野介に対し刃傷に及ぶも失敗し、殿中抜刀の罪で即日切腹となる。

浅野長矩公の墓が建立される。

元禄15年■（1702年）12月14日（1月30日）（正確には12月15日午前4時頃）
大石内蔵助をはじめとする四十七士による吉良邸討ち入り。

12月15日■（1月31日）午前9時半～10時頃
討ち入りした内の44名が泉岳寺に到着。

殿様へ吉良の首を捕ったことの報告をし、書院にて待機。

泉岳寺では風呂などの用意も整えたが、上杉方の反撃に警戒しそのまま書院にいたと言われる。

夕刻から夜にかけて、細川綱利、松平定直、毛利綱元、水野忠之の4大名家に分かれてお預けとなった。


元禄16年■（1703年）2月4日（3月20日）

4大名家へ切腹の命が伝えられ、46人の赤穂浪士はその日のうちにお預かりの大名屋敷で切腹。

その日の夕刻には赤穂浪士の遺骸は主君浅野長矩と同じ泉岳寺に埋葬のために泉岳寺に運ばれ、本堂にて略式の葬儀が行われた。

この時に参列した僧侶は200人ほどいたと言われる。

赤穂義士、主君の墓側に葬られる。


天保7年■（1836年）中門再建される。

天保年間■（1838年）山門が再建され、江戸名物となる。

大正10年■（1921年）大石内蔵助の銅像完成除幕。

大正12年■（1923年）関東大震災により義士館倒壊。

大正14年■（1925年）鉄筋にて義士館再建落成される。

昭和７年■（1932年）中門大修理、総欅造りとなる。

昭和20年■（1945年）大空襲により本堂、庫裏、書院が焼失。

昭和28年■（1953年）本堂、再建落慶される。

平成13年■（2001年）討ち入り300年に因み、赤穂義士記念館建設落慶。

平成16年■（2004年）旧義士館を改修。一階を講堂とし学寮講座を開始。

平成17年■（2005年）旧義士館二階を義士木像館として、公開開始。


江戸時代は、曹洞宗の江戸三ヶ寺（青松寺・総泉寺と泉岳寺）の一つとして、大僧録たる関三刹（埼玉県龍穏寺・千葉県総寧寺・栃木県大中寺）の下、特に本寺大中寺の下で触頭として曹洞宗の行政面の一翼を担う。

また、吉祥寺旃檀林・青松寺獅子窟とならぶ江戸三学寮の一つとして重きをなし、宗内外の碩学によって仏典・祖録・漢籍等が講じられ、曹洞宗僧侶の養成に大いに寄与したとされます。

山門から中門の両側には出身地別の九棟の寮舎が並び、常時二百名程の学僧が修学していたといいます。

平成26年（2014年）

６月下旬■高輪２丁目ＰＪとして８階建マンション建設計画看板設置。

初めて泉岳寺・住民が計画を知り、衝撃を受ける。

建築主：第一リアルター株式会社
７月９日■第１回目業者側説明会。

↓建築についての近隣説明会の前に、解体工事が行われたことについて住民からの批判が相次ぎ、改めて解体工事の説明会を行うことで合意。

まずは解体工事説明会を行ってから、改めて建築についての近隣説明会を開くことで合意。

解体工事説明会終了まで工事中断が約束される。

７月15日■業者側解体工事説明会。

７月18日■業者側説明会報告書を港区に提出。

→住民側では説明会はまだされていないという状況でありながら、7月9日の説明会の報告書を提出し、港区側は受理。
7月21日■計画変更を求める署名活動開始。

7月23日■解体工事再着工（解体請負業者：三貴株式会社）。

家屋調査は泉岳寺中門とS邸のみで、仲見世は無いまま始まる。

7月24日■港区長と面談。

7月28日■港区議長宛陳情書提出／区長宛にも陳情を送る。

7月31日■第2回業者側説明会（↓説明会でなく、お話しの場だという通知だった）。

8月5日■第3回業者側説明会。

8月19日■第4回業者側説明会。

8月23日■赤穂民報で初めて記事になる。

9月8日■東京新聞朝刊で記事になる（東京地区では初めての記事）。

港区議会へ請願書を提出（署名数8,400名）。

【請願内容】
・建築計画の変更
・業者への住民が納得するような十分な説明指導
9月9日■テレビ朝日「モーニングバード」で報道される。

第5回業者側説明会（港区建築課が間に入り、住民側は限られた範囲だけの非公式の説明会）

TBS報道番組「Nスタ」で報道される。

9月18日■東京新聞の投稿に泉岳寺問題の投稿が掲載される。

9月19日■建築常任委員会において全会一致で請願採択。

9月20日■東京新聞朝刊で請願採択の記事が出る。

9月29日■第5回業者側説明会。

9月8日の非公式の説明会に対しての回答、および建築施工者の紹介と説明と言う名目で港区建築課も入っての説明会。

建築施工者は株式会社ナカノフドー建設。

10月4日■港区議会において全会一致で請願採択。

10月12日■TBS「噂の東京マガジン」で取り上げられる。

10月14日■泉岳寺書院が再建され落慶。

第6回業者側説明会（建築施工者：ナカノフドーを含めた公式の説明会）

登録文化財に隣接した計画であるにもかかわらず、業者側には住民側が求める計画変更と平行線と辿る。何度説明会が行われても、住民からの質問に充分に回答しないまま、港区はルールに基づいた手続きが行われたと認め、事業者側からは今後は個別説明で対応

10月17日■解体工事終了。
すると一方的に通告を受ける。住民側は採択された請願を無視した業者の対応に怒り紛糾。
※解体工事期間中にコンクリート破片を敷地外に落下させ（5回）、多数の被害が出る。コンクリート塀破壊、隣家水道管破損、騒音・振動の規定値越え、違法駐車など。住民が説明と謝罪と作業方法の見直しを求めたが業者側は応じず。行政に再三指導を求めたが改善なし。

10月21日■基礎工事準備（建築施工者：株式会社ナカノフドー建設）家屋調査開始

10月23日■東京新聞でシンポジウム開催のことが記事になる

10月26日■「社寺仏閣と地域の景観」シンポジウム開催。
法政大学名誉教授・日本景観学会会長：五十嵐敬喜先生の基調講演
神戸松蔭女子学院大学大学院教授：中林浩先生から京都の事例
浅草寺景観訴訟原告団：白田重信さんから浅草寺の事例
泉岳寺受処主事：牟田賢明さんから泉岳寺と赤穂義士について
60名を超える方々にお越し頂き、泉岳寺が将来的には世界遺産にもなり得る可能性があるという指摘などもあり、泉岳寺宣言として泉岳寺を守ることを決意表明する。

10月27日■東京新聞朝刊にてシンポジウムのことが記事になる。
基礎工事着工。

11月4日■神戸新聞でシンポジウムのことも含めて記事になる。

11月5日■港区都市計画課に審査請求提出。
請求内容は前面道路の幅員に対する違法性の審査を求めるもの。

11月6日■東京新聞で審査請求提出のことが記事になる。

11月19日■朝日新聞夕刊で大きな記事になる。
建築施工者ナカノフドーによる建築工事説明会。

12月6日■テレビ朝日「ニュースなぜ太郎」で取り上げられる。
審査請求の件まで取材されたのは初めて。

12月12日■スポーツ紙、神奈川新聞など地方紙、そしてＪａｐａｎＴｉｍｅｓでも記事になる。

12月14日■義士祭
（義士パレード、大署名活動、トークセッション、ビデオと資料でみる忠臣蔵とマンション問題、などイベント企画）

12月15日■東京新聞で義士祭の様子が記事になる

12月18日■テレビ朝日「グッドモーニング」で取り上げられる
産経新聞で記事になる。

詳細な経緯は下記URLに記載　http://sengakuji-mamoru.jimdo.com/activity-log/

12月20日 ■赤穂民報で記事になる。
12月27日 ■東京新聞で記事になる。
1月19日 ■審査請求口頭審査予定。

2014年（平成26年）9月8日（月曜日）　東京新聞

泉岳寺隣に8階マンション

浪士の墓 見下ろさないで

港区 寺と住民が反対運動

赤穂浪士の墓で知られる国史跡の泉岳寺（東京都港区）が、隣に計画されているマンションの建設に、周辺住民とともに反対している。景観を守るため七千五百十八人分の署名を集めた住民グループは八日、建設計画を変更させるよう求める請願書を区議会に提出する。（鈴木久美子）

マンションはワンルーム中心の八階建てで、高さ約二十三㍍。区内の業者が土地を購入し、九月中旬の着工を予定する。現在は三階建て住宅を解体している。

建設予定地は、寺の正面にある区登録文化財「中門」の真横。七月に業者側から計画の説明を受けた住民らは、周辺の建物は三階建て以下だとして、三階建てへの変更を求める運動を始めた。「国指定史跡・泉岳寺の歴史的文化財を守る会」をつくり、泉岳寺も考えに賛同した。

守る会の西須好輝代表（六八）は「景観を壊す。寺を訪れる外国人も『信じられない』と計画に驚いている。（二〇二〇年に）東京五輪もあるのに観光客を失望させる」と指摘。三十六カ国の観光客らも署名したという。

泉岳寺の主事、牟田賢明さん（四七）も「三百八十年、この地を見守ってきた遺産に傷を付ける行為」と話し、「街並みと文化財の価値を次世代に伝えることが文化行政の水準を高める」と区に手だてを求める。

区「法的に問題ない」

区建築課は「法的に問題はなく、業者にはよく説明するよう指導している」と説明。業者側は「八階建ては変更しない。住民説明会も開いている」としている。

「建設反対」の看板を掲げた泉岳寺中門前。隣では住宅の解体工事後、8階建てのマンションが計画されている＝8月28日、東京都港区で

泉岳寺と赤穂浪士

泉岳寺は1612（慶長17）年、徳川家康が創立した曹洞宗の寺院。41年の大火で焼失し、現在の高輪に移転した。曹洞宗江戸三カ寺の一つで、諸国の学僧も修学した。

赤穂藩主浅野家の菩提（ぼだい）寺だったことから、1701年、江戸城で旗本吉良義央（よしひさ）に切り付け、切腹した藩主浅野長矩（ながのり）の墓が建てられた。翌年12月に吉良邸に討ち入りした赤穂四十七士の墓所も置かれた。

景観守る規制を

「景観と住環境を考える全国ネットワーク」代表の日置雅晴弁護士の話　規制を前提に建築が行われるヨーロッパと異なり、日本は適切な規制がないため業者が自由に建ててしまう。国の制度が変わらなければ建築紛争はなくならないが、東京都狛江市は、市が公開で住民側と業者側が意見を言う調整会を開き、業者側にマンションを低くさせるなど効果をあげている。泉岳寺のような場所は本来、港区がリードして景観を守る規制をかけておくべきだ。

2014年9月8日東京新聞

18日 火曜日 東京新聞（夕刊）

マンション計画 泉岳寺猛反対

赤穂浪士眠る隣 8階建て建設中

「忠臣蔵」の赤穂浪士が眠る泉岳寺（東京都港区高輪2丁目）の隣で、8階建てマンションの建設工事が始まり、寺側が猛反対している。各地で寺社など歴史的な景観が残る土地にマンション計画が持ち上がり、論争が巻き起こっている。

㊨中門の左側に建つ予定のマンションの完成予想図。建築計画に基づき、泉岳寺の歴史的文化財を守る会が作製
㊧「建設反対」の立て看板が掲げられた泉岳寺中門。左奥がマンション建設現場＝10月、東京都港区高輪2丁目

泉岳寺
徳川家康が1612（慶長17）年、江戸城に近接する地に創建した。1641年の「寛永の大火」で焼失後、高輪に移った。赤穂藩浅野家の江戸の菩提（ぼだい）寺で、浅野内匠頭（たくみのかみ）と赤穂浪士の墓は国の史跡に指定されている。

「景観台無し」 業者は「規制内」

「建設反対」。泉岳寺が入り口の「中門」に立て看板を掲げたのは、この夏のことだ。1836（天保7）年に再建された中門の脇で10月、マンション建設工事が始まった。

寺の広報担当の受処主事、牟田賢明さん(46)は「不格好だが、寺の決意を示すためには仕方なかった。本堂で毎日、四十七士の供養をしている。マンションの住民から見下ろされ、荘厳な空間が台無しになってしまう」。景観問題に詳しい法政大の五十嵐敬喜・名誉教授（都市政策）は「赤穂浪士の討ち入りが武士道や忠義として普遍的な価値があると、西欧の人々に認められれば、世界遺産になってもおかしくない」と指摘する。

マンション建設地には個人宅があった。不動産登記によると、今年、所有権が不動産会社に移った。建築計画の概要書によると、マンションは鉄筋コンクリート8階建て。最も高い場所は23・83メートルで中門（約7メートル）の3倍を超える。来年10月下旬に完成する予定だ。

寺は今夏、住民らと「泉岳寺の歴史的文化財を守る会」をつくり、計画変更を求める約1万人分の署名を集めた。マンションができると「歴史に思いを馳せて訪れる人々に失望感を抱かせてしまう」として、不動産会社への指導を求める請願を9月に港区議会に提出した。

請願は10月に全会一致で採択されたが、強制力はない。このマンションは区との事前協議が必要な高さや面積に達しておらず、区は計画の変更を求められなかった。

不動産会社は取材に「変更の予定はない。高さも港区が来年から実施する規制を先取りし、『24メートル以下』に抑えた」と説明する。

（横田[illegible]）

「建築計画 許可制に」

各地で街づくり条例を手がける都市プランナー・野口和雄さんの話 民間の検査機関などが建築計画を審査する現在の「建築確認制度」を改め、行政による「建築許可制度」にするべきだ。自治体が、歴史的建造物の周辺での建築計画を容易に認めないという姿勢を取れば、こうした事態にはならない。寺社は日頃から景観に対する問題意識を持ち、住民と任意の景観協定をつくっておく必要がある。土地が売買された後で反対しても仕方ない。東京都国分寺市のように、第三者による調整制度を設ける自治体もある。

浅草寺は周囲を買い戻し

各地で論争

桜の名所として知られる京都市北区の平野神社。本殿は国の重要文化財で、境内には約60種、約400本の桜が植わる。

8月、東隣の民家跡地で5階建てマンションの建設工事が始まった。周辺の建物には高さ15メートルの市の規制がかかるが、計画は規制内だ。建築主は市の求めに応じ緑地を充実させたが、納得しない神社側は7月、計画変更を求めて民事調停を京都簡裁に申し立てた。

京都御所近くの梨木神社（京都市上京区）の敷地内では昨年、マンション計画が持ち上がった。市によると、「本殿修復費用などを捻出するために、神社が計画した」という。合法的な計画案に対し、市議会が昨年10月、「建設にふさわしい土地とは言えない」として市に解決を求める決議を採択した。市は、神社側に計画中止を含めた見直しを求め、地上4階建てを3階建てにすることで折り合った。

梨木神社の境内で進むマンション工事＝京都市上京区

雷門で有名な浅草寺（東京都台東区）。周囲にマンションやビルが林立しないように、数年前から周辺で借地権を買い戻している。これまで計約1500平方メートルに約4億円を投じ、駐車場や低層の建物にして、周囲から寺が見えるように配慮している。

守山雄順執事長(61)は「ビルの谷間の寺ではなく、樹木や広い空間に囲まれたお堂の中で手を合わせることで心の安らぎが得られる。法律だけでは景観は守れず、行政に頼っていてもらちが明かない。自力で解決するしかない」と話す。

2014年11月18日東京新聞

（第3種郵便物認可） 東京

「泉岳寺宣言」まとめる

マンション問題でシンポ 「景観守る法、必要」

社寺仏閣と地域の景観をどう守るか話し合われたシンポジウム＝港区の泉岳寺で

マンション建設計画に近隣住民らの反対運動が起きている港区高輪の泉岳寺で二十六日、寺社と景観を考えるシンポジウムが開かれた。文化の継承を担う寺が周辺の開発に脅かされる京都や浅草などの報告もあり、歴史的な景観を守る法制度の必要性や泉岳寺の価値保全を「泉岳寺宣言」としてまとめた。

「今年七月に計画が明らかになってから、問題を考えない日はない」と、泉岳寺の牟田賢明主事は訴えた。マンションは民間業者が寺本堂を見下ろす形で八階建てを建てる計画だ。一帯は寺と調和するよう三階建て程度にしてきたことから、住民や寺が反対するが、区は建築基準法など法律上の問題はないとする。

行政の保護が期待できない中、浅草寺では周辺に高い建物が建たないよう土地を買い取る苦肉の策が、景観訴訟原告団の白田信重さんから報告された。

京都市では住民の声を反映して二〇〇七年に建物の高さ制限が強化され、一部地区では上限が十一階相当の三十一メートルから五階相当の十五メートルとなった。しかし、その後に市が特例を設けるなど規制を緩和。「市民側が監視を怠ることができない」と神戸松蔭女子学院大の中林浩教授（都市計画学）は危惧する。

日本景観学会会長の五十嵐敬喜さんは「地域にふさわしい建物かどうかを判断するよう法の見直しをしなければ、いつまでも問題は起こる」と訴えた。

◇

シンポでは、「忠臣蔵」などで三百年以上も伝えられる赤穂四十七士や、その墓がある泉岳寺の文化も話題になった。「四十七士は武士の中でも忠義を全うした数少ない方たち」と牟田さんは説明。五十嵐さんは「『忠義』も普遍的な価値と認められれば泉岳寺は世界遺産にもなりうる」と期待した。

（鈴木久美子）

2014年10月27日東京新聞

Building hems in Sengakuji Temple

KYODO

As Sengakuji Temple prepares to mark on Sunday the legendary revenge taken by the Ako Roshi (47 ronin), priests are up in arms over the construction of an imposing eight-story apartment block next to its entrance.

The building will damage the historic Tokyo site's appearance, they argue. It is where the ronin, who famously avenged their unfairly punished master, are buried. Lord Asano Takuminokami, the master, is also buried there.

A Tokyo-based real estate agency unveiled plans to construct the building in July. The condominium will occupy a 400-sq.-meter plot and will stand 24 meters tall. If completed, it will overshadow the renowned graves.

The temple quickly organized a defense group comprising local residents. A petition signed by about 10,000 people underscored the strength of opposition.

The Minato Ward Council accepted the petition and unanimously upheld it in October. But construction does not legally require prior consent between the constructor and the ward office, thus leaving the ward unable to demand changes or to halt construction. The groundwork started in October.

The temple filed its objection with the Minato Ward's architectural review board saying that the building permit review process was inadequate.

The company behind for the project said the building was designed in compliance with new height restrictions the ward plans to enact next year. It also said residents in the area have been provided full information on the project.

The priests are defiant. They believe construction is ill-advised and will do lasting damage.

"The graves have historical value, putting the site on the World Heritage list; and the site enjoys popularity among foreign tourists who pay special visits during their trips to Japan," said priest Kenmyo Muta.

"We hope that through commemorative ceremonies and other efforts to protect the site and the surrounding landscape, we will manage to get a nationwide support for this."

An illustration of a planned building is imposed on a photo of the entrance to Tokyo's Sengakuji Temple. Priests call the plan inappropriate and damaging to the historic site. KYODO

2014年12月12日ジャパンタイムズ

国指定史跡・泉岳寺隣接マンション建設計画に関する請願

請願の趣旨

今般、港区高輪 2-11-5 の敷地が 第一リアルター株式会社（港区赤坂所在）に売却されました。 現在、第一リアルターは本件敷地上に地上８階建て（総戸数39戸。2台分のバイク置き場）の 共同住宅マンションを建設すべく準備を進めております。

本件は国指定史跡・泉岳寺に隣接しており、港区の登録文化財にも登録されている泉岳寺中門の隣にはそぐわないものと考えます。周辺住民として港区民として、国及び区の大切な文化財の隣にこのような建築物の建設計画には断固反対であります。

理由

港区高輪に建つ泉岳寺は、将軍家光の時代に今の高輪の地に移って以来、約 400 年間この地をずっと見守ってきたお寺です。歴史的には赤穂浪士のお墓があることで有名で、国指定史跡にもなっている港区の大切な文化財の一つです。都心港区にあって歴史的・文化的にも由緒ある泉岳寺の風致を考えたとき、この景観を次の世代にも私たちが残していくことで、受け継がれた歴史を色あせることなく伝えられるものと思います。今、この歴史的文化財の横に８階建て（高さ 24m 弱）のマンションが建つことにより、下記のような弊害が生ずるものと考えます。

1. 国指定史跡もある泉岳寺の歴史的な価値を貶すものとなってしまいます。
2. 歴史に思いを馳せて訪れる多くの人々に、失望感を懐かせるものとなってしまいます。
3. 後世に伝え残す文化財が、景観の崩れた非常にアンバランスなものとなることは、歴史的に取り返しのつかないものとなり、歴史の風化、如いては日本らしさを失っていく要因になると考えます。（例：旧岩崎邸や梨木神社など）
4. 町の景観を阻害することになり、また高輪泉岳寺地区の日照を奪い、風害を起こす原因となります。
5. 町の景観を野放図に侵害する行為を容認するとなると、世界中・日本中から訪れる人々に、港区が歴史的文化財を大切にしないことを象徴するものとなってしまいます。

以上、後世に残す歴史的文化財を守るためにも、100 年後の港区、日本のことを十分にお考え頂き、このマンション建設計画を泉岳寺の歴史的価値にそぐうものへの変更を求めるものであります。
港区におかれましては、住民の安全で安心な生活維持と周辺の良好な環境保全のため、建築事業者側に対して、周辺住民が納得するような十分な説明を引き続き行うよう徹底したご指導をしていただきたく、ここに宗教法人泉岳寺及び周辺住民一同より強くお願い申し上げるものであります。
また、この案件については別添で署名もございますので、併せてお願いいたします。

2014 年 9 月 8 日
請願代表者
東京都港区高輪 2-1-29
国指定史跡・泉岳寺の歴史的文化財を守る会
代表　西須　好輝　電話番号
賛同者　宗教法人泉岳寺
港区議会議長様

泉岳寺宣言

本日、私たちは、日本の首都東京高輪の地にある名刹泉岳寺に集い、様々な論議を経て泉岳寺の景観（普遍的な価値）が危機にあることを深く認識しました。この地は、あの元禄赤穂事件で活躍した浅野家の墓所として国指定の史跡となっている東京屈指の名跡です。

今回の危機は、2014 年 7 月突如として起こりました。事業者により建設計画を告げるチラシが、地元住民に配られ、その中に泉岳寺門前脇に高さ 24m ものマンション建設計画が記されていました。泉岳寺ならびに地元住民は、ただただ唖然としました。このままでは日本の「文化」が破壊される、と。最近、泉岳寺のある港区高輪地区や白金地区は、山の手線の新駅建設の計画などもあって高層マンションが目立つようになってきています。そして、残念なことに、戦後から一貫して政治家も役所も泉岳寺が持つ歴史上の重要な価値に極めて無関心であったことが災いとなり、あっさりと高さも色彩も不具合な高層ビルが乱立する地域になってしまっているのです。また今回の泉岳寺の危機は、私たち地域住民の政治や景観への無関心が招来した人災でもあります。

言い換えれば私たちの無関心が区政に反映して明確な都市計画も景観計画もないまま、開発業者のなすがままにさせてきたことは反省すべき点です。

しかし今日、私たちは、シンポジウムの様々な議論の中から、泉岳寺が江戸時代を象徴する寺院であること、同時に太平の世となった元禄時代、「武士の一分（職分）」あるいは「武士のエートス（精神）」という価値観をもって華と散った 47 人（赤穂浪士）の覚悟が、日本という狭いワクを越えて、世界中の人々にひとつの日本文化論として受け入れられていることを認識しました。ある歴史上の一つの出来事が、300 年もの長い間、封建時代と近代という大きな時代の流れを超えて、浄瑠璃、講談、歌舞伎、小説、テレビドラマ、映画などの芸能として翻訳されることの意味は何か。今や高輪「泉岳寺」に眠る「赤穂義士の物語」は、遙か日本を越えて、広く外国にまで、「武士道精神」として受け入れられるようになっています。

これは歴史的に見てもとても貴重なものであり、そうしたものは私たちが後世に伝え残していかなければならないのです。高輪、白金地区ではもはや景観からその歴史を顧みることが出来る地域はごくわずかです。これ以上その破壊を許すことはできません。

この「マンション建設予定地」は、かつて国指定史跡のある「泉岳寺」の境内そのものでした。私たちは、その価値（墓地、境内及びそのバッファゾーン）の全体を少しも損なうことなく、永久に保持しなければなりません。そして、マンション建設などを許容している都市計画・文化財保護法などを修正しなければならないのです。

私たちは、事業者に対してマンション建設を中止し、この価値を一層増加する方向で土地利用を行うことを心から強く希望するとともに、この要請が聞き入れられない場合には、全国、全世界の泉岳寺・赤穂義士ファンにこの不条理を伝えながらマンション建設反対運動を行っていくことを宣言します。

2014 年 10 月 26 日（日）
国指定史跡・泉岳寺の歴史的文化財を守る会
代表　西須好輝

審査請求書

平成 26 年 11 月 5 日

港区建築審査会　御中

審査請求人ら代理人　弁護士　日置　雅晴
同　弁護士　農端　康輔
同　弁護士　三浦　忠司
同　弁護士　近藤　節男

〒108-0074　東京都港区高輪 2-11-1
審査請求人　泉岳寺
代表役員　小坂　機融

〒108-0074　東京都港区高輪 2-1-24-303
審査請求人　牟田　賢明　46 歳

〒108-0074　東京都港区高輪 2-1-29
審査請求人　西須　好輝　68 歳

〒108-0074　東京都港区高輪 2-1-30
審査請求人　小泉　陽一　66 歳

〒108-0074　東京都港区高輪 2-1-29
審査請求人　廣瀬　信一　59 歳

〒108-0074　東京都港区高輪 2-1-28
審査請求人　吉田　茂　68 歳

〒108-0074　東京都港区高輪 2-1-28
審査請求人　吉田　朱音　36 歳

〒108-0074　東京都港区高輪 2-1-28
審査請求人　小坂　眞　64 歳

〒108-0074　東京都港区高輪 2-1-29
審査請求人　沓名　勝彦　72 歳

〒108-0074　東京都港区高輪 2-1-30
審査請求人　大澤　晃　77 歳

〒162-0825　東京都新宿区神楽坂 3-2-5 SHK ビル 4 階
神楽坂キーストーン法律事務所 (送達場所)
電　話　03-5228-0342
ＦＡＸ　03-5228-0392
上記審査請求人ら代理人　弁護士　日置　雅晴
同　弁護士　農端　康輔 (担当)
同　弁護士　三浦　忠司

〒100-6312　東京都千代田区丸の内 2 丁目 4 番 1 号
丸の内ビルディング 1204 区
丸の内中央法律事務所
上記審査請求人ら代理人　弁護士　近藤　節男

〒730-0029　広島県広島市中区三川町 7-1SK 広島ビル 4F
処　分　庁　株式会社ジェイ・イー・サポート
代表取締役　石山　講

第1　審査請求人らの住所, 氏名, 年齢

上記のとおり。

第2　審査請求にかかる処分の表示

株式会社ジェイ・イー・サポート (以下「処分庁」という) が, 平成26年9月2日付け, 第JE14建確東0683号をもって, 第一リアルター株式会 社 (以下「建築主」という) に対してなした建築確認通知処分 (以下,「本件処 分」「本件原処分」という。また, 本件処分の対象となった建物を「本件建築物」「本件建物」, 本件建築物の建築計画を「本件計画」, 本件建築物の計画地を「本 件敷地」「本件計画地」という)。

なお, 本件処分における申請区域及びその区域内の建築物等に関する事項は, 以下のとおりである (甲1)。

建築計画概要

敷地面積	395.84m²
建築面積	257.54m²
建ぺい率	65.07%
延べ面積	1505.37m²
容積率	299.45%
最高高さ	23.83m
階数	地上8階建て
構造	鉄筋コンクリート造

第3　審査請求にかかる処分のあったことを知った日

平成26年9月8日。

第4　審査請求の趣旨

第2記載の本件処分を取り消す

との裁決を求める。

第5　審査請求の理由

本件処分には, 以下のような建築基準法 (以下「建基法」といい, 建築基準 法施行令を「建基法施行令」という。) に反する違法があり, 取り消されるべき である。

1　北側道路幅員の判断を巡る違法

(1)　北側道路を道路として扱うべきではないこと

本件敷地の北側には, 道路台帳上, 特別区道314号線が存在するとされ, 本件処分は北側の道路を, 幅員が15.35メートルの建基法42条1項1号 道路, 北側道路への接道長さを23.194メートルとして, 本件処分がなさ れている (甲1)。

しかし, 北側の特別区道314号線とされる領域の中で, 東側には, 泉岳寺 の「中門」が存在し, 自動車の通行が可能な幅員は2.55メートル (高さ4.09メートル) にすぎない (甲2)。泉岳寺の中門は, 港区の登録有形文化財と なっている。

また, 特別区道314号線とされる領域の反対の西側は行き止まりになって おり, この領域に入ることが可能な自動車は, 事実上, 小型車に限定されてい る。

建基法上, 前面道路の有無及び幅員による規制がなされる趣旨は, 建築物を 利用するための交通の確保, 災害・火災等の非常時における防火・避難等の確 保及び消防活動の空間の確保, 建築物の日照・採光・通風等の確保などの安全 で良好な環境の市街地を形成することとされている。

この趣旨から , 建基法 42 条 1 項は , 本文において「この章の規定において『道路』とは , 次の各号の一に該当する幅員 4 メートル (...) 以上のもの (地 下におけるものを除く。) をいう。」と定めており , 接道規制・接道義務との関 係で「道路」と扱うためには ,4 メートル以上の幅員が必要であることを定め ている。

本件敷地の北側で道路とされる領域は , 泉岳寺の中門によって自動車の通行可能な幅員が 2.55 メートルしかない。具体的にみても , かろうじて普通車 が進入できるだけであり , 大型消防自動車 (幅 2.5m) などは事実上進入で きず , 北側の空間から消防活動等を行うことは不可能である (甲 2)。

従って , 本件敷地の北側にある領域は , 幅員が 2.55 メートルであり , 幅 員が 4 メートルを欠いていることから , そもそも建基法上の「道路」とはいえ ない。

本件処分は , 本件敷地北側の領域を建基法上の「道路」として処分した点で 違法があり , 取り消されるべきである。

なお , 建基法が幅員 4 メートル以上であること定めた趣旨が上記のように非 常時における防火・避難等の確保及び消防活動の空間の確保にあることからす れば , 道路の幅員の算定は , 少なくとも , 広い幅員道路との結節点間の最も狭 い幅員が 4 メートル以上あることを求めていると考えるべきであり , 現にその 幅員が確保されていることが必要と解すべきである。

また , 北側の現に道路状になっている領域と本件敷地の間には , 幅員 5 メー トルを超える緑地が存在し , 緑地部分は現に人の通行も横断もできないばかり か , 高木がある（甲 2 の写真 3 及び写真 4)。従って , 緑地部分を通じて避難し たり , 消火活動を行ったりすることは不可能である。

この点においても , 北側の道路とされる領域を , 前面道路と評価することは 不可能である。

(2)　少なくとも幅員は 2.5m と評価されるべきであること

また , 仮に本件敷地の北側の領域が建基法上の「道路」であるとしても , す でに述べたように , 泉岳寺の「中門」が存在し , 大型消防自動車等が進入でき ない領域であることから , その幅員は 2.5 メートルと評価すべきである。

(3) 道路斜線制限 (建基法 56 条 1 項 1 号) に反すること

上記のとおり , 本件敷地の北側の領域を幅員 15.35 メートルの建基法上の「道路」と判断したことは誤りであり , それを前提にした本件処分は違法である。

本件計画は , 建基法施行令 123 条 2 項に基づき , 東側道路に関する道路斜線の緩和がなされており , 北側の領域が幅員 15.35 メートルの「道路」で はないとすると , 道路斜線制限 (建基法 56 条 1 項 1 号) に違反している。

特に , 本件では , 事実上 , 消火活動等に利用可能な東側道路 (幅員 6.83 m~10.10m) だけでは 5 階程度しか建築できないにもかかわらず ,8 階 建ての建築が可能となっている。北側の道路とされた領域から大型消防車等に よる消火活動が不可能な現状において , このような規模の建築を認めることは , 北側で隣接する港区の登録有形文化財の泉岳寺の中門をはじめ , 周辺地域への 火災時の甚大な影響が想定される。

この点からも , 本件処分は到底許容できない違法な判断といわざるをえない。

2　図面及び資料の提出について

処分庁におかれては，建築主から建築確認申請に関して提出された書類及び図面を全て証拠として提出し，明らかにされたい。

また，審査請求人らが主張する違法事由との関係で，配置図，各階平面図，立面図，断面図，真北方位角調査書，道路に関して建築確認申請で提出された 書類及び図面，を提出し，自らの判断の根拠を明らかにされたい。

第6　審査請求人らの利害関係

審査請求人らは，本件計画地の近隣住民であり，本件建築物の建築によって，様々な影響を受ける地域に居住している。

審査請求人泉岳寺は，本件計画地の西に境内を有しており，本件計画地の本 件計画地北側に隣接する「中門」を所有・管理している。本件建築物の建築に よって，泉岳寺が所有する建物及び門等に，日影の被害が発生するほか，万が 一，本件建築物が倒壊，炎上等が発生すれば，直接被害を受けることとなる(甲4)。

審査請求人牟田賢明(以下「審査請求人牟田」という。)は，港区高輪2-1-24-303に居住し，泉岳寺受処主事を務めている。

審査請求人西須好輝(以下「審査請求人西須」という。)は，港区高輪2-1 -29に居住している。

審査請求人小泉陽一(以下「審査請求人小泉」という。)は，港区高輪2-1 -30に居住している。

審査請求人廣瀬信一(以下「審査請求人廣瀬」という。)は，港区高輪2-1 -29に居住している。

審査請求人吉田茂，審査請求人吉田朱音，審査請求人小坂眞(以下「審査請 求人小坂」という。)は，港区高輪2-1-28に居住している。

審査請求人沓名勝彦(以下「審査請求人沓名」という。)は，港区高輪2-1 -29に居住している。

審査請求人大澤晃(以下「審査請求人大澤」という。)は，港区高輪2-1- 30に居住している(以上，甲3)。

泉岳寺を除く審査請求人らも，本件建築物の建築によってその居住建物に日 影被害を受けるほか，万が一，本件建物が倒壊，炎上等した場合に，直接被害 を受ける位置の建物に居住している（甲4)。

第7　教示の有無

なし

添付書類

1　委任状10通
2　甲1　建築計画概要書　1通
3　甲2　写真撮影報告書　1通
4　甲3　プル-マップ(抜粋)
(手書きで審査請求人らの居住位置等を示したもの)
1通
5　甲4　日影図(本件建築主が配布したもの)　1通

■著者プロフィール

吉田 朱音（よしだ・あかね）

国指定史跡・泉岳寺の歴史的文化財を守る会広報担当

1978年1月23日生まれ、泉岳寺の門前に生まれ育つ。母方の高祖父が泉岳寺41世普天霊明和尚。2004年より茶道を学び始めたことがきっかけとなり、日本文化への造詣を深める。一般企業の人事総務経理を務めていたが、泉岳寺のマンション問題をきっかけに、退職。現在は日本文化を守るために、泉岳寺を守る活動に専念している。

茶名：宗朱（そうしゅ）

牟田 賢明（むた・けんみょう）

1968年4月24日生まれ、大阪府吹田市出身。関西大学文学部卒業後インド、中国等放浪の旅へ。1995年鹿児島曹洞宗直指庵住職鎌田厚志師について得度。1996年東京高輪泉岳寺へ安居し、1999年駒澤大学仏教学部卒業後、福井県大本山永平寺に安居、2002年泉岳寺へ再安居し、現在に至る。

五十嵐 敬喜（いがらし・たかよし）

1944年山形県生まれ。早稲田大学法学部卒業。法政大学名誉教授、日本景観学会会長、弁護士、元内閣官房参与。専門は、都市政策、立法学、公共事 業論。

「美しい都市」をキーワードに、住民本位の都市計画のありかたを提唱。ゼネコン主導の「都市再生」論に警鐘を鳴らす。都市計画学会賞を受賞した画期的条例である神奈川県真鶴町の「美の条例」の制定をはじめ、全国の自治体や住民運動に協力している。

地方自治ジャーナルブックレット No.66
平成忠臣蔵・泉岳寺景観の危機

2015年2月4日　初版第1刷発行

著　　者　吉田 朱音・牟田 賢明・五十嵐 敬喜
発 行 者　武内 英晴
発 行 所　公人の友社
TEL 03-3811-5701
FAX 03-3811-5795
Eメール info@koujinnotomo.com
http://koujinnotomo.com/

「官治・集権」から
「自治・分権」へ

市民・自治体職員・研究者のための

自治・分権テキスト

《出版図書目録 2015.1》

〒120-0002　東京都文京区小石川 5-26-8
TEL　03-3811-5701
FAX　03-3811-5795
mail　info@koujinnotomo.com

公人の友社

●ご注文はお近くの書店へ
　小社の本は、書店で取り寄せることができます。
●＊印は〈残部僅少〉です。品切れの場合はご容赦ください。
●直接注文の場合は
　電話・FAX・メールでお申し込み下さい。

TEL　03-3811-5701
FAX　03-3811-5795
mail　info@koujinnotomo.com

（送料は実費、価格は本体価格）

［地方自治ジャーナル
ブックレット］

No.1
水戸芸術館の実験
森啓　1,166円（品切れ）

No.2
政策課題研究研修マニュアル
首都圏政策研究・研修研究会
1,359円（品切れ）

No.3
使い捨ての熱帯雨林
熱帯雨林保護法律家リーグ
971円（品切れ）

No.4
自治体職員世直し志士論
童門冬二・村瀬誠　971円＊

No.5
行政と企業は文化支援で何ができるか
日本文化行政研究会　1,166円（品切れ）

No.6
まちづくりの主人公は誰だ
浦野秀一　1,165円（品切れ）

No.7
パブリックアート入門
竹田直樹　1,166円（品切れ）

No.8
市民的公共性と自治
今井照　1,166円（品切れ）

No.9
ボランティアを始める前に
佐野章二　777円

No.10
自治体職員の能力
自治体職員能力研究会　971円

No.11
パブリックアートは幸せか
山岡義典　1,166円＊

No.12
市民が担う自治体公務
パートタイム公務員論研究会
1,359円

No.13
行政改革を考える
山梨学院大学行政研究センター
1,166円（品切れ）

No.14
上流文化圏からの挑戦
山梨学院大学行政研究センター
1,166円

No.15
市民自治と直接民主制
高寄昇三　951円

No.16
議会と議員立法
上田章・五十嵐敬喜 1,600円＊

No.17
分権段階の自治体と政策法務
山梨学院大学行政研究センター
1,456円

No.18
地方分権と補助金改革
高寄昇三　1,200円

No.19
分権化時代の広域行政
山梨学院大学行政研究センター
1,200円

No.20
あなたの町の学級編成と地方分権
田嶋義介　1,200円

No.21
自治体も倒産する
加藤良重　1,000円（品切れ）

No.22
ボランティア活動の進展と自治体の役割
山梨学院大学行政研究センター
1,200円

No.23
新版2時間で学べる「介護保険」
加藤良重　800円

No.24
男女平等社会の実現と自治体の役割
山梨学院大学行政研究センター
1,200円

No.25
市民がつくる東京の環境・公害条例
市民案をつくる会　1,000円

No.26
東京都の「外形標準課税」はなぜ正当なのか
青木宗明・神田誠司　1,000円

No.27
少子高齢化社会における福祉のあり方
山梨学院大学行政研究センター
1,200円

No.28
財政再建団体
橋本行史　1,000円（品切れ）

No.29
交付税の解体と再編成
高寄昇三　1,000円

No.30
町村議会の活性化
山梨学院大学行政研究センター
1,200円

No.31
地方分権と法定外税
外川伸一　800円

No.32
東京都銀行税判決と課税自主権
高寄昇三　1,200円

No.33
都市型社会と防衛論争
松下圭一　900円

No.34
中心市街地の活性化に向けて
山梨学院大学行政研究センター
1,200円

No.35
自治体企業会計導入の戦略
高寄昇三　1,100円

No.36
行政基本条例の理論と実際
神原勝・佐藤克廣・辻道雅宣
1,100円

No.37
市民文化と自治体文化戦略
松下圭一　800円

No.38
まちづくりの新たな潮流
山梨学院大学行政研究センター
1,200円

No.39
ディスカッション三重の改革
中村征之・大森弥　1,200円

No.40
政務調査費
宮沢昭夫 1,200円（品切れ）

No.41
市民自治の制度開発の課題
山梨学院大学行政研究センター 1,200円

No.42
《改訂版》自治体破たん・「夕張ショック」の本質
橋本行史 1,200円＊

No.43
分権改革と政治改革
西尾勝 1,200円

No.44
自治体人材育成の着眼点
浦野秀一・井澤壽美子・野田邦弘・西村浩・三関浩司・杉谷戸知也・坂口正治・田中富雄 1,200円

No.45
シンポジウム障害と人権
橋本宏子・森田明・湯浅和恵・池原毅和・青木九馬・澤静子・佐々木久美子 1,400円

No.46
地方財政健全化法で財政破綻は阻止できるか
高寄昇三 1,200円

No.47
地方政府と政策法務
加藤良重 1,200円

No.48
政策財務と地方政府
加藤良重 1,400円

No.49
政令指定都市がめざすもの
高寄昇三 1,400円

No.50
良心的裁判員拒否と責任ある参加
市民社会の中の裁判員制度
大城 聡 1,000円

No.51
討議する議会
自治体議会学の構築をめざして
江藤俊昭 1,200円

No.52
【増補版】大阪都構想と橋下政治の検証
府県集権主義への批判
高寄昇三 1,200円

No.53
虚構・大阪都構想への反論
橋下ポピュリズムと都市主権の対決
高寄昇三 1,200円

No.54
大阪市存続・大阪都粉砕の戦略
地方政治とポピュリズム
高寄昇三 1,200円

No.55
「大阪都構想」を越えて
問われる日本の民主主義と地方自治
（社）大阪自治体問題研究所 1,200円

No.56
翼賛議会型政治・地方民主主義への脅威
地域政党と地方マニフェスト
高寄昇三 1,200円

No.57
なぜ自治体職員にきびしい法遵守が求められるのか
加藤良重 1,200円

No.58
東京都区制度の歴史と課題
都区制度問題の考え方
著：栗原利美、編：米倉克良 1,400円

No.59
七ヶ浜町（宮城県）で考える
「震災復興計画」と住民自治
編著：自治体学会東北YP 1,400円

No.60
市民が取り組んだ条例づくり
市長・職員・市議会とともにつくった所沢市自治基本条例
編著：所沢市自治基本条例を育てる会 1,400円

No.61
いま、なぜ大阪市の消滅なのか
「大都市地域特別区法」の成立と今後の課題
編著：大阪自治を考える会 800円

No.62
地方公務員給与は高いのか
非正規職員の正規化をめざして
著：高寄昇三・山本正憲 1,200円

No.63
大阪市廃止・特別区設置の制度設計案を批判する
いま、なぜ大阪市の消滅なのかPart2
編著：大阪自治を考える会 900円

No.64
自治体学とはどのような学か
森啓 1,200円

No.65
通年議会の〈導入〉と〈廃止〉
長崎県議会による全国初の取り組み
松島完 900円

[福島大学ブックレット「21世紀の市民講座」]

No.1
外国人労働者と地域社会の未来
著：桑原靖夫・香川孝三、編：坂本惠 900円

No.2
自治体政策研究ノート
今井照 900円

No.3
住民による「まちづくり」の作法
今西一男 1,000円

No.4
格差・貧困社会における市民の権利擁護
金子勝 900円

No.5
法学の考え方・学び方
イェーリングにおける「秤」と「剣」
富田哲 900円

No.6
今なぜ権利擁護か
ネットワークの重要性
高野範城・新村繁文 1,000円

No.7
小規模自治体の可能性を探る
保母武彦・菅野典雄・佐藤力・竹内是俊・松野光伸 1,000円

No.8
小規模自治体の生きる道
連合自治の構築をめざして
神原勝 900円

No.9
文化資産としての美術館利用
地域の教育・文化的生活に資する方法研究と実践
辻みどり・田村奈保子・真歩仁しょうん　900円

No.10
フクシマで“日本国憲法〈前文〉”を読む
家族で語ろう憲法のこと
金井光生　1,000円

［地方自治土曜講座ブックレット］

No.41
少子高齢社会の自治体の福祉法務
加藤良重　400円＊

No.42
改革の主体は現場にあり
山田孝夫　900円

No.43
自治と分権の政治学
鳴海正泰　1,100円

No.44
公共政策と住民参加
宮本憲一　1,100円＊

No.45
農業を基軸としたまちづくり
小林康雄　800円

No.46
これからの北海道農業とまちづくり
篠田久雄　800円

No.47
自治の中に自治を求めて
佐藤守　1,000円

No.48
介護保険は何をかえるのか
池田省三　1,100円

No.49
介護保険と広域連合
大西幸雄　1,000円

No.50
自治体職員の政策水準
森啓　1,100円

No.51
分権型社会と条例づくり
篠原一　1,000円

No.52
自治体における政策評価の課題
佐藤克廣　1,000円

No.53
小さな町の議員と自治体
室埼正之　900円

No.55
改正地方自治法とアカウンタビリティ
鈴木庸夫　1,200円

No.56
財政運営と公会計制度
宮脇淳　1,100円

No.57
自治体職員の意識改革を如何にして進めるか
林嘉男　1,000円

No.59
環境自治体とＩＳＯ
畠山武道　700円

No.60
転型期自治体の発想と手法
松下圭一　900円

No.61
分権の可能性
スコットランドと北海道
山口二郎　600円

No.62
機能重視型政策の分析過程と財務情報
宮脇淳　800円

No.63
自治体の広域連携
佐藤克廣　900円

No.64
分権時代における地域経営
見野全　700円

No.65
町村合併は住民自治の区域の変更である
森啓　800円

No.66
自治体学のすすめ
田村明　900円

No.67
市民・行政・議会のパートナシップを目指して
松山哲男　700円

No.69
新地方自治法と自治体の自立
井川博　900円

No.70
分権型社会の地方財政
神野直彦　1,000円

No.71
自然と共生した町づくり
宮崎県・綾町
森山喜代香　700円

No.72
情報共有と自治体改革
片山健也　1,000円

No.73
地域民主主義の活性化と自治体改革
山口二郎　900円

No.74
分権は市民への権限委譲
上原公子　1,000円

No.75
今、なぜ合併か
瀬戸亀男　800円

No.76
市町村合併をめぐる状況分析
小西砂千夫　800円

No.78
ポスト公共事業社会と自治体政策
五十嵐敬喜　800円

No.80
自治体人事政策の改革
森啓　800円

No.82
地域通貨と地域自治
西部忠　900円（品切れ）

No.83
北海道経済の戦略と戦術
宮脇淳　800円

No.84
地域おこしを考える視点
矢作弘　700円

No.87
北海道行政基本条例論
神原勝　1,100円

No.90
「協働」の思想と体制
森啓　800円＊

No.91
協働のまちづくり
三鷹市の様々な取組みから
秋元政三　700円＊

No.92
シビル・ミニマム再考
松下圭一　900円

No.93
市町村合併の財政論
高木健二　800円＊

No.95
市町村行政改革の方向性
佐藤克廣　800円

No.96
創造都市と日本社会の再生
佐々木雅幸　900円

No.97
地方政治の活性化と地域政策
山口二郎　800円

No.98
多治見市の総合計画に基づく政策実行
西寺雅也　800円

No.99
自治体の政策形成力
森啓　700円

No.100
自治体再構築の市民戦略
松下圭一　900円

No.101
維持可能な社会と自治体
宮本憲一　900円

No.102
道州制の論点と北海道
佐藤克廣　1,000円

No.103
自治基本条例の理論と方法
神原勝　1,100円

No.104
働き方で地域を変える
山田眞知子　800円（品切れ）

No.107
公共をめぐる攻防
樽見弘紀　600円

No.108
三位一体改革と自治体財政
岡本全勝・山本邦彦・北良治・逢坂誠二・川村喜芳　1,000円

No.109
連合自治の可能性を求めて
松岡市郎・堀則文・三本英司・佐藤克廣・砂川敏文・北良治他　1,000円

No.110
「市町村合併」の次は「道州制」か
森啓　900円

No.111
コミュニティビジネスと建設帰農
松本懿・佐藤吉彦・橋場利夫・山北博明・飯野政一・神原勝　1,000円

No.112
「小さな政府」論とはなにか
牧野富夫　700円

No.113
栗山町発・議会基本条例
橋場利勝・神原勝　1,200円

No.114
北海道の先進事例に学ぶ
宮谷内留雄・安斎保・見野全・佐藤克廣・神原勝　1,000円

No.115
地方分権改革の道筋
西尾勝　1,200円

No.116
転換期における日本社会の可能性～維持可能な内発的発展
宮本憲一　1,100円

［地域ガバナンスシステム・シリーズ］
（龍谷大学地域人材・公共政策開発システム・オープン・リサーチセンター（LORC）…企画・編集）

No.1
地域人材を育てる自治体研修改革
土山希美枝　900円

No.2
公共政策教育と認証評価システム
坂本勝　1,100円

No.3
暮らしに根ざした心地よいまち
1,100円

No.4
持続可能な都市自治体づくりのためのガイドブック
1,100円

No.5
英国における地域戦略パートナーシップ
編：白石克孝、監訳：的場信敬　900円

No.6
マーケットと地域をつなぐパートナーシップ
編：白石克孝、著：園田正彦　1,000円

No.7
政府・地方自治体と市民社会の戦略的連携
的場信敬　1,000円

No.8
多治見モデル
大矢野修　1,400円

No.9
市民と自治体の協働研修ハンドブック
土山希美枝　1,600円

No.10
行政学修士教育と人材育成
坂本勝　1,100円

No.11
アメリカ公共政策大学院の認証評価システムと評価基準
早田幸政　1,200円

No.12
イギリスの資格履修制度
資格を通しての公共人材育成
小山善彦　1,000円

No.14
炭を使った農業と地域社会の再生
市民が参加する地球温暖化対策
井上芳恵　1,400円

No.15
対話と議論で〈つなぎ・ひきだす〉ファシリテート能力育成ハンドブック
土山希美枝・村田和代・深尾昌峰 1,200円

No.16
「質問力」からはじめる自治体議会改革
土山希美枝 1,100円

No.17
東アジア中山間地域の内発的発展
日本・韓国・台湾の現場から
清水万由子・＊誠國・谷垣岳人・大矢野修 1,200円

［私たちの世界遺産］

No.1
持続可能な美しい地域づくり
五十嵐敬喜他 1,905円

No.2
地域価値の普遍性とは
五十嵐敬喜・西村幸夫 1,800円

No.3
世界遺産登録・最新事情
長崎・南アルプス
五十嵐敬喜・西村幸夫 1,800円

No.4
新しい世界遺産の登場
南アルプス［自然遺産］ 九州・山口［近代化遺産］
五十嵐敬喜・西村幸夫・岩槻邦男・松浦晃一郎 2,000円

〔別冊〕No.1
ユネスコ憲章と平泉・中尊寺供養願文
五十嵐敬喜・佐藤弘弥 1,200円

〔別冊〕No.2
平泉から鎌倉へ
鎌倉は世界遺産になれるか?!
五十嵐敬喜・佐藤弘弥 1,800円

［単行本］

フィンランドを世界一に導いた100の社会改革
編著 イルカ・タイパレ
訳 山田眞知子 2,800円

公共経営学入門
編著 ボーベル・ラフラー
訳 みえガバナンス研究会
監修 稲澤克祐、紀平美智子 2,500円

変えよう地方議会
～3・11後の自治に向けて
編著 河北新報社編集局 2,000円

自治体職員研修の法構造
田中孝男 2,800円

自治基本条例は活きているか?!
～ニセコ町まちづくり基本条例の10年
編 木佐茂男・片山健也・名塚昭 2,000円

国立景観訴訟～自治が裁かれる
編著 五十嵐敬喜・上原公子 2,800円

成熟と洗練
～日本再構築ノート
松下圭一 2,500円

地方自治制度「再編論議」の深層
監修 木佐茂男
青山彰久・国分高史一 1,500円

韓国における地方分権改革の分析～弱い大統領と地域主義の政治経済学
尹誠國 1,400円

自治体国際政策論
～自治体国際事務の理論と実践
楠本利夫 1,400円

自治体職員の「専門性」概念
～可視化による能力開発への展開
林奈生子 3,500円

アニメの像VS.アートプロジェクト～まちとアートの関係史
竹田直樹 1,600円

NPOと行政の《協働》活動における「成果要因」
～成果へのプロセスをいかにマネジメントするか
矢代隆嗣 3,500円

おかいもの革命
消費者と流通販売者の相互学習型プラットホームによる低酸素型社会の創出
編著 おかいもの革命プロジェクト 2,000円

原発再稼働と自治体の選択
原発立地交付金の解剖
高寄昇三 2,200円

総合計画の新潮流
自治体経営を支えるトータル・システムの構築
監修・著 玉村雅敏 2,400円

［自治体危機叢書］

2000年分権改革と自治体危機
松下圭一 1,500円

自治体財政破綻の危機・管理
加藤良重 1,400円

自治体連携と受援力
もう国に依存できない
神谷秀之・桜井誠一 1,600円

政策転換への新シナリオ
小口進一 1,500円

住民監査請求制度の危機と課題
田中孝男 1,500円

政府財政支援と被災自治体財政
東日本・阪神大震災と地方財政
高寄昇三 1,600円

震災復旧・復興と「国の壁」
神谷秀之 2,000円

自治体財政のムダを洗い出す
財政再建の処方箋
高寄昇三 2,300円